中 等 职 业 教 育 国 家 规 划 教 材
全国中等职业教育教材审定委员会审定

GPS 定 位 技 术

（测量工程技术专业）

主　　编　沈学标　吴向阳
责任主审　田青文
审　　稿　李家权　张　勤

U0286419

中 国 建 筑 工 业 出 版 社

图书在版编目(CIP)数据

GPS 定位技术/沈学标，吴向阳主编. —北京：中国
建筑工业出版社，2003（2022.3重印）
中等职业教育国家规划教材. 测量工程技术专业
ISBN 978-7-112-05426-8

Ⅰ. G… Ⅱ.①沈…②吴… Ⅲ. 全球定位系统（GPS）
—专业学校—教材 Ⅳ. P228.4

中国版本图书馆 CIP 数据核字（2003）第 029988 号

　　本书主要介绍 GPS 定位技术的基本概念，GPS 卫星信号，GPS 定位系统的基本
观测量，GPS 定位的基本原则，GPS 定位的野外数据采集、数据处理以及 GPS 定位
技术的应用。

　　本书为中等职业教育国家规划教材，供测绘类专业及其相关专业使用，也可供
有关技术人员参考。

中 等 职 业 教 育 国 家 规 划 教 材
全国中等职业教育教材审定委员会审定

GPS 定位技术

（测量工程技术专业）

主　　编　沈学标　吴向阳
责任主审　田青文
审　　稿　李家权　张　勤

*

中国建筑工业出版社出版、发行(北京西郊百万庄)
各地新华书店、建筑书店经销
北京建筑工业印刷厂印刷

*

开本：787×1092 毫米　1/16　印张：8¼　字数：196 千字
2003 年 7 月第一版　　2022 年 3 月第十八次印刷
定价：**13.00** 元
ISBN 978-7-112-05426-8
（14944）

中等职业教育国家规划教材出版说明

　　为了贯彻《中共中央国务院关于深化教育改革全面推进素质教育的决定》精神，落实《面向 21 世纪教育振兴行动计划》中提出的职业教育课程改革和教材建设规划，根据教育部关于《中等职业教育国家规划教材申报、立项及管理意见》（教职成〔2001〕1 号）的精神，我们组织力量对实现中等职业教育培养目标和保证基本教学规格起保障作用的德育课程、文化基础课程、专业技术基础课程和 80 个重点建设专业主干课程的教材进行了规划和编写，从2001 年秋季开学起，国家规划教材将陆续提供给各类中等职业学校选用。

　　国家规划教材是根据教育部最新颁布的德育课程、文化基础课程、专业技术基础课程和 80 个重点建设专业主干课程的教学大纲（课程教学基本要求）编写，并经全国中等职业教育教材审定委员会审定。新教材全面贯彻素质教育思想，从社会发展对高素质劳动者和中初级专门人才需要的实际出发，注重对学生的创新精神和实践能力的培养。新教材在理论体系、组织结构和阐述方法等方面均作了一些新的尝试。新教材实行一纲多本，努力为教材选用提供比较和选择，满足不同学制、不同专业和不同办学条件的教学需要。

　　希望各地、各部门积极推广和选用国家规划教材，并在使用过程中，注意总结经验，及时提出修改意见和建议，使之不断完善和提高。

教育部职业教育与成人教育司

2002 年 10 月

前　言

GPS（全球定位系统）是美国国防部研制的新一代卫星导航与定位系统。该系统从 20 世纪 70 年代初开始设计、研制，历经约 20 年，于 1995 年全部建成。目前 GPS 已进入了全效能服务的黄金阶段，GPS 定位技术已经广泛地渗透到经济建设、国防建设和科学技术的许多领域，尤其对经典大地测量学的各个方面产生了极其深刻的影响。

为了适应 GPS 定位技术发展的需要，并结合中等职业教育的特点，我们编写了《GPS 定位技术》一书。

全书共分七章和附录，其中第一章介绍 GPS 的基本概念；第二章介绍 GPS 卫星播发的信号、GPS 定位的基本观测量及 GPS 定位误差的来源；第三章介绍 GPS 定位的基本原理；第四章介绍 GPS 定位的测量设计与野外数据采集；第五章主要介绍 GPS 基线向量的解算及随机软件的基本流程；第六章主要介绍 GPS 网平差计算；第七章介绍 GPS 定位技术的应用；"附录"是将新一代 GPS 测量型接收机做一简介。

本书的第一章由沈学标编写，第二章由沈学标、秦立新编写，第三章由沈学标、李田凤编写，第四章由吴向阳、尚庆明编写，第五、六章由吴向阳编写，第七章由吴向阳、徐武强编写。全书由沈学标、吴向阳主编。受教育部委托由长安大学地质工程与测绘工程学院田青文教授对全书进行主审。该校李家权、张勤两位教授对全书进行了审稿。

本书在编写过程中，较多地参阅了有关院校、单位和个人的文献资料，在此表示感谢。

由于编者水平有限，加之时间仓促，书中错误与不当之处在所难免，诚恳读者批评指正。

目　录

第一章 GPS 定位系统概论

第一节 GPS 定位系统的发展历史

GPS 是英文 Navigation Satellite Timing and Ranging/Global Positioning System 的字头缩写词 NAVSTAR/GPS 的简称。它的含义是，利用导航卫星进行测时和测距，以构成全球定位系统。现在国际上已经公认：将这一全球定位系统简称为 GPS。

自古以来，人类就致力于定位和导航的研究工作。1957 年 10 月世界上第一颗卫星发射成功后，利用卫星进行定位和导航的研究工作提到了议事日程。1958 年底，美国海军武器实验室委托霍布金斯大学应用物理实验室研究美国军用舰艇导航服务的卫星系统，即海军导航卫星（Navy Navigation Satellite System-NNSS）。在这一系统中，卫星的轨道都通过地极，所以又称为子午卫星导航定位系统（Transit）。1964 年 1 月研制成功，用于北极星核潜艇的导航定位，并逐步用于各种军舰的导航定位。1967 年 7 月，经美国政府批准，对其广播星历解密并提供民用，为远洋船舶导航和海上定位服务。由此显示出了卫星定位的巨大潜力。接着对子午卫星定位技术进行了一系列的研究，提高了卫星轨道测定的精度，改进了用户接收机的性能，使定位精度不断提高、自动化程度不断完善，使应用范围越来越广。海上石油勘探、钻井定位、海底电缆铺设、海洋调查与测绘、海岛联测以及大地控制网的建立等方面都相继采用，成为全球定位和导航的一种新手段。

尽管子午卫星导航定位系统已得到广泛的应用，并已显示出巨大的优越性。但是，这一系统在实际应用方面却存在着比较大的缺陷。为此，美国于 20 世纪 60 年代末着手研制新的卫星导航系统，以满足海陆空三军和民用部门对导航越来越高的要求。美国海军提出了名为"Timation"的计划，该计划采用 12 ~ 18 颗卫星组成全球定位网，卫星高度约 10000km，轨道呈圆形，周期为 8h，并于 1967 年 5 月 31 日和 1969 年 9 月 30 日分别发射了 Timation – 1 和 Timation – 2 两颗试验卫星。与此同时，美国空军提出了名为"621—B"计划，它采用 3 ~ 4 个星群覆盖全球，每个星群由 4 ~ 5 颗卫星组成，中间一颗采用同步定点轨道，其余几颗用周期为 24h 倾斜轨道。这两个计划的目标一致，即建立全球定位系统。但两个计划的实施方案和内容不同，各有优缺点。考虑到两个计划的各自优缺点以及美国难于同时负担研制两套系统的庞大经费开支，1973 年美国代理国防部长批准成立一个联合计划局，并在洛杉矶空军航天处内设立办事机构。该办事机构的组成人员包括美国陆军、海军、海军陆战队、国防制图局、交通部、北大西洋公约组织和澳大利亚的代表。自此正式开始了 GPS 的研究和论证工作。

在联合计划局的领导下，诞生了 GPS 方案。这个方案是由 24 颗卫星组成的实用系统。这些卫星分布在互成 120° 的 3 个轨道平面上，每个轨道平面平均分布 8 颗卫星。这样，在地球上任何位置，均能同时观测到 6 ~ 9 颗卫星。预计粗码定位精度为一百米左右，精码定位精度为十米左右。1978 年，由于压缩国防预算，减少了对 GPS 计划的拨款，于是，将实用系统的卫星数由 24 颗减为 18 颗，并调整了卫星配置。18 颗卫星分布在互成 60°的 6 个轨道面上，轨道倾角为 55°。每个轨道面上布设 3 颗卫星，彼此相距 120°，从一个轨道面的卫星到下一个轨道面的卫星间错动 40°。这样的卫星配置基本上保证了地球任何位置均能同时观测到 4 颗卫星。经过一段实验后发现，这样的卫星配置即使全部卫星正常工作，其平均可靠度仅为 0.9969。如果卫星发生故障，将使可靠性大大降低。因此，1990 年初又对卫星配置进行了第三次修改。最终的 GPS 方案是由 21 颗工作卫星和 3 颗在轨备用卫星组成。卫星的轨道位数基本上与第二方案相同。只是为了减小卫星漂移，降低对所需轨道位置保持的要求，将卫星的高度提高了 49km，即长半轴由 26560km 提高到 26609km。这样，由每年调整一次卫星位置改为每 7 年调整一次。

GPS 实施计划共分三个阶段：

第一阶段为方案论证和初步设计阶段。从 1973 年到 1979 年，共发射了 4 颗试验卫星，研制了地面接收机及建立地面跟踪网，从硬件和软件上进行了试验，试验结果令人满意。

第二阶段为全面研制和试验阶段。从 1979 年到 1984 年，又陆续发射了 7 颗试验卫星。这一阶段称之为 Block Ⅰ。与此同时，研制了各种用途的接收机，主要是导航型接收机，同时测地型接收机也相继问世。试验表明，GPS 的定位精度远远超过设计标准。利用粗码的定位精度几乎提高了一个数量级，达到 14m。由此证明，GPS 计划是成功的。

第三阶段为实用组网阶段。1989 年 2 月 4 日第一颗 GPS 工作卫星发射成功，宣告了

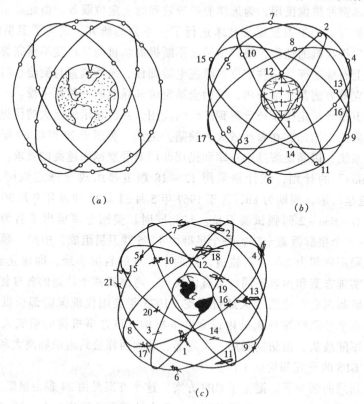

图 1-1 GPS 卫星的配置

(a) 原计划 24 颗卫星布置图；(b) 修改后 18 颗卫星布置图

(c) GPS 工作卫星星座（于 1995 年建成）

GPS 系统进入工程建设阶段。这种工作卫星称为 Block Ⅱ 和 Block Ⅱ A 卫星。这两组卫星的差别是，Block Ⅱ A 卫星增强了军事应用功能，扩大了数据存储容量；Block Ⅱ 卫星只能存储供 14d 用的导航电文（每天更新三次）；而 Block Ⅱ A 卫星能存储供 180d 用的导航电文，确保在特殊情况下使用 GPS 卫星。实用的 GPS 网即（2l+3）GPS 星座已经建成，今后将根据计划更换失效的卫星。图 1-1 为 GPS 卫星的配置。

从 GPS 的提出到 1995 年建成，经历了 20 年。实践证实，GPS 对人类活动影响极大，应用价值极高，所以得到美国政府和军队的高度重视，不惜投资 300 亿美元来建立这一工程，成为继阿波罗登月计划和航天飞机计划之后的第三项庞大空间计划。它从根本上解决了人类在地球上的导航和定位问题，可以满足各种不同用户的需要，给导航和定位技术带来了巨大的变化。

第二节　GPS 定位系统的应用特点

一、自动化程度高

GPS 定位技术减少了野外作业的时间和强度。用 GPS 接收机进行测量时，只要将天线准确地安置在测站上，主机可安放在测站不远处，亦可放在室内，通过专用通讯线与天线连接，接通电源，启动接收机，仪器即自动开始工作。结束测量时，仅需关闭电源，取下接收机，便完成了野外数据采集任务。如果在一个测站上需做较长时间的连续观测，目前有的接收机（如 Ashtech Z12 型）可贮存连续三天的观测数据；还可以实行无人值守的数据采集，通过数据通讯方式，将所采集的 GPS 定位数据传递到数据处理中心，实现全自动化的 GPS 测量与计算。

二、观测速度快

目前，（2l+3）颗 GPS 工作卫星已全部发射升空，加上先前发射的试验卫星中仍有 2 颗继续正常工作，一个测站上可以同时观测 5~8 颗。因此，用 GPS 接收机做静态相对定位（边长小于 15km）时，采集数据的时间可缩短到 1h 左右，即可获得基线向量，精度为 $5mm + D \times 10^{-6}$，两台仪器每天正常作业可测 4 条边。如果采用快速定位软件，对于双频接收机，仅需采集 5min 左右的时间；对于单频接收机，只要能观测到 5 颗卫星，也仅需采集 15min 左右的时间，便可达到上述同样的精度，作业进度更快。同济大学测量系用两台 Wild200 型接收机建立 GPS 控制网，仅花 4 个工作日就测完了全网的 27 个点。可见，用 GPS 定位技术建立控制网，作业迅速，比常规手段（包括造标）快 2~5 倍。

三、定位精度高

大量试验表明，GPS 卫星相对定位测量精度高，定位计算的内符合与外符合精度均达到 $5mm + D \times 10^{-6}$ 的标称精度，二维平面位置都相当好，仅高差方面稍逊一些。用 GPS 相对定位结果，还可以推算出两测站的间距和方位角，精度也很好。据国内外十多年来的众多试验和研究表明：GPS 相对定位，若方法合适、软件精良，则短距离（15km 以内）精度可达厘米级或以下，中、长距离（几十公里至几千公里）相对精度可达到 10^{-7}~10^{-8}。其精度是惊人的。

四、用途广泛

用 GPS 信号可以进行海空导航、车辆引行、导弹制导、精密定位、动态观测、设备安装、传递时间、速度测量等。GPS定位技术应用于民用导航和测绘行业，见表1-1。

GPS定位技术应用一览表　　　　　　　　　　　　　　　　表 1-1

1. 陆地导航 2. 海上导航 3. 航空导航 4. 空间导航 5. 港湾导航 6. 内河导航 7. 旅游车导航 8. 地面高精度测量 9. 机器人和其他机器引导	全球性 ↓ GPS ↑ 全天候 （24h）	1. 地籍测量 2. 大地网加密 3. 高精度飞机定位 4. 无地面控制的摄影测量 5. 变形监测 6. 海道、水文测量 7. GPS全站仪测量和主动控制站 8. 全球或区域性高精度三维网

五、经济效益高

据某些国外大地测量实测资料表明，用GPS定位技术建立大地控制网，要比常规大地测量技术节省70%～80%的外业费用，这主要是因为GPS卫星定位不要求站间通视，不必建立大量费时、费力、费钱的觇标。一旦GPS接收机价格不断下降，经济效益将愈益显著。

更由于GPS定位技术具有速度快的特点（比常规方法快2～5倍），使工期大大缩短，由此产生的间接经济效益更是不可估量。

GPS定位技术在其他方面（如海湾战争）的诸多应用，其经济效益也是不言而喻的。

综上所述，GPS定位技术较常规手段有明显的优势，而且它是一种被动系统，可为无限多个用户使用，信用度和抗干扰强，将来必然从根本上取代常规测量手段。GPS定位技术与另两种精密空间定位技术——卫星激光测距（SLR）和甚长基线干涉（VLBI）测量系统相比，据近几年来全球网测量结果比较表明，其精度已能与SLR、VLBI相媲美，而GPS接收机轻巧方便、价格较低、时空密集度高，同样显示出GPS定位技术较SLR、VLBI具有更优越的条件和更广泛的应用前途。

第三节　GPS定位系统的组成

GPS整个系统由下列三大部分组成：

空间部分，包括工作卫星和备用卫星；

控制部分，控制整个系统和时间，负责轨道监测和预报；

用户部分，主要是各种型号的接收机。

一、空间部分

整个系统全部建成后，空间部分共有24颗工作卫星，其中3颗是随时可以启用的备用卫星。工作卫星分布在6个轨道面内，每个轨道面分布有4颗卫星。各轨道平面相对地球赤道面的倾角均为55°，各轨道平面彼此相距60°，轨道平均高度约为20200km，卫星运行周期为11h58min。地面观测者见到地平面上的卫星颗数随时间和地点的不同而异，最少为4颗，最多可达11颗。

目前，GPS系统已经建成，其工作卫星在空间的分布情况如图1-1所示。

GPS卫星在空间的上述配置，保障了在地球上任何地点、任何时刻至少可以同时观测到4颗卫星，加之卫星信号的传播和接收不受天气的影响，因此，GPS是一种全球性、全天候的连续实时导航定位系统。

空间部分的 3 颗备用卫星，将在必要时根据指令代替发生故障的卫星，这对于保障 GPS 空间部分正常而高效地工作是极其重要的。

GPS 工作卫星的外形，主体呈圆柱形，直径约为 1.5m，重约 774kg（包括燃料 310kg），星体两侧各伸展出一块由四叶拼成的太阳能电池翼板，其面积约为 7.2m²，能自动对准太阳，以保证卫星正常工作用电。

每颗卫星装有 4 台高精度原子钟（2 台铷钟和 2 台铯钟），这是卫星的核心设备。它将发射标准频率，为 GPS 测量提供高精度的时间标准。

每颗 GPS 卫星连续地发播两个 L 频带的载波信号，它们分别由基本频率 $F_0 = 10.23\text{MHz}$ 通过倍频器获得：

L_1：$154 \times F_0 = 1575.42\text{MHz}$（$\lambda_{L1} \approx 19.05\text{cm}$）

L_2：$120 \times F_0 = 1227.60\text{MHz}$（$\lambda_{L2} \approx 24.45\text{cm}$）

利用伪噪声码（Pseudo—Random Noise Code 简称为 PRN 码）的调制特性，对载波进行三种相位调制，即：载波的正弦波被频率为 $0.1F_0$ 的伪噪声码（称为 C/A 码，又称"粗码"）所调制；余弦波被频率为 F_0 的另一伪噪声码（称为 P 码，又称"精码"）所调制。此外，正弦波和余弦波上都调制了基本单位为 1500 比特长的数据码（也称卫星电文），简称 D 码。

L_1 信号既包括 P 码，又包括 C/A 码；L_2 信号只包括 P 码。这些电码具有三个作用：一是辨认接收的卫星；二是测定信号到达接收机的时间；三是限制用户使用。

二、控制部分

控制部分的任务是，监视卫星系统；确定 GPS 时间系统；跟踪并预报卫星星历和卫星钟状态；向每颗卫星的数据存贮器注入卫星导航数据。

控制部分一般包括以下四个部分：

（一）主控站

主控站负责管理和协调整个地面控制系统的工作。即根据各监测站的观测资料计算各卫星的星历以及卫星钟改正数，编制导航电文。

（二）监测站

监测站是在主控站控制下的数据自动采集中心。全球共有 5 个监测站，分布在美国本土和三大洋的美军基地上。主要任务是为主控站提供观测数据。每个监测站均用 GPS 接收机接收可见卫星播发的信号，并由此确定站卫距离数据，连同气象数据传送到主控站。

（三）注入站

人操作的地面天线站能在主控站的控制下向卫星注入导航电文和其他命令，每天向每个卫星注入 4 次电文。全球共有 3 个地面天线站，分别与 3 个监测站重合。

（四）通讯辅助系统

通讯辅助系统的功能是，综合利用地面通讯线、海底电缆和卫星通讯等手段，将主控站地面天线站及监测站联接起来，所有的资料都用编码传送。

图 1-2 为控制部分的数据流程示意图。

三、用户部分

用户部分主要是 GPS 信号接收机。

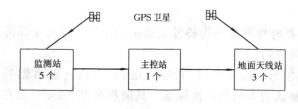

图1-2 确定星历的数据流程

（一）接收机的结构和功能

根据仪器的结构，可分为天线单位和接收单位两大部分。一般将两个单元分别装备成两个独立的部件，观测时分别置于测站及其附近的地方，两者之间用 10～100m 长的电缆连成一个整机。现将两个单元的主要功能介绍如下，如图1-3所示。

1. 天线单元

它由接收天线和前置放大器两部分组成。接收天线大多采用全向天线，可接收来自任何方向的 GPS 信号，并将电磁波能量转化为变化规律相同的电流。前置放大器可将极微弱的 GPS 信号电流予以放大。

2. 接收单元

信号波道和微处理机构成接收单元的核心部件。从目前的定位型接收机来看，主要有平方型和相关型两种信号通道；利用多个通道同时对多个卫星进行观测，实现快速定位。微处理机具有各种数据处理软件，能选择合适的卫星进行观测，以获得最佳的几何图形；能根据观测值及卫星星历进行平差计算，求得所需的定位信息。

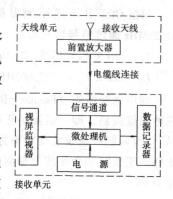

图1-3 GPS 信号接收机的
基本结构

数据记录器用来记录接收机所采集的定位数据，以供测后数据处理之用。目前，多用固态存储器取代以前的磁带记录器。

GPS 信号接收机的电池，一般采用机内机外两种直流电源。设置机内电池的目的是在更换外接电池时可以不中断连续观测。当机外电池电压低到某一数值时，会自动接通机内电池；当使用机外电池观测时，机内电池能自动地被充电。

视屏监视器一般包括一个显示窗和一个操作键盘，它们均设在接收单元的面板上，观测者通过键盘操作，可从显示窗上读取数据和文字。例如，查询仪器的工作状态，检核输入数据的正误等等。

综上所述，接收机的主要功能是跟踪接收所选择的待测卫星信号，测定信号从卫星到接收天线的传播时间，解译出 GPS 卫星所发送的导航电文，实时地计算出定位或导航的所需数据。

（二）接收机的分类

GPS 定位技术的迅速发展以及应用领域的不断开拓，使得世界各国对 GPS 接收机的研制与生产都极为重视。目前，世界上 GPS 接收机的生产厂家约有数十家，而型号超过数百种。我国于 1991 年跨入接收机的生产行列。根据不同的观点，GPS 接收机可有多种分类方法，现将主要分类介绍如下：

1. 根据接收机的发展分：

第一代接收机 以 Macrometer V—1000 为代表，特点是单频、体积大、重量大、功耗低，精度为 $10mm + 2 \times 10^{-6}$。常见的型号还有 WM-101 等。

第二代接收机　以 Ashtech 为代表，它不仅具有体积小、重量轻、功耗小的特点，而且具有双频观测能力，距离不受限制，精度较第一代提高一倍，即 $5mm + 1 \times 10^{-6}$。它不但能用于静态观测，而且可用于动态测量和半动态测量。我国现在所使用的皆为第二代产品。常见的型号还有 Trimble-SST、Mini-Mac2816、SOKKIA GSSI 以及 Wild-200 等。

第三代接收机　以 Rogue—8000 为代表。由美国加州理工学院于 1987 年首次研制，并于 1992 年推出改进型 Turbo Rogue—8000。它在体积、重量都不增加的情况下，在硬件技术上有重大突破，使观测精度又提高了一个数量级，即 $3mm + 0.1 \times 10^{-6}$。它具有快速静态定位的功能，而且不受距离限制。能满足地球动力学、大地测量学、精密工程测量、时频检验等高精度测量任务。

2．根据接收机的工作原理分

（1）码相关型接收机；

（2）平方型接收机；

（3）混合型接收机。

码相关型接收机的特点是，能够产生与所测卫星的测距码结构完全相同的复合码。工作中通过逐步相移，使接收码与复制码达到最大相关，以测定卫星信号到达用户接收机天线的传播时间。码相关型接收机可利用 C/A 码也可利用 P 码，其工作的基本条件是必须掌握测距码的结构。所以，这种接收机也称为有码接收机。如 WM101，Trimble4000SX，TI4100 等。

平方型接收机是利用载波信号的平方技术去掉调制码，从而获得载波相位测量所必需的载波信号。这种接收机只利用卫星的信号无需解码，因而不必掌握测距码的结构，所以这种接收机也称为无码接收机。如 MacrometerⅡ，Ⅴ-1000 等。

混合型接收机是综合利用了相关技术和平方技术的优点，它可以同时获得码相位和精密载波相位观测量。目前，在测量工作中广泛使用的接收机多属这种类型。

3．根据接收机信号通道的类型分

（1）多通道接收机；

（2）序贯通道接收机；

（3）多路复用通道接收机。

在导航和定位工作中，GPS 接收机需要跟踪多颗卫星。而对于来自不同卫星的信号，接收机必须首先将它们分离开来，以便进行处理，量测获得不同卫星信号的观测量。GPS 接收机的通道，其主要作用是将接收到的不同卫星信号加以分离，以实现对各个卫星信号的跟踪、处理和量测。

所谓多通道接收机，即具有多个卫星信号通道，而每个通道只连续跟踪一个卫星信号的接收机。所以，这种接收机也称连续跟踪型接收机。

序贯通道接收机，通常具有 1～2 个通道。这时为了跟踪多个卫星信号，它在相应软件的控制下，按时序依次对各个卫星信号进行跟踪和量测。由于对所测卫星依次量测一个循环所需时间较长（> 20ms），所以，其对卫星信号的跟踪是不连续的。

多路复用通道接收机，与序贯通道接收机相似，一般也具有 1～2 个通道，在相应软件的控制下，按时序依次对所有观测卫星的信号进行量测。其与序贯通道接收机的区别，主要是对所测卫星信号量测一个循环的时间较短（≤20ms），可以保持对卫星信号的连续跟踪。

4．根据接收的卫星信号频率，可分为

（1）单频接收机（L_1）；

（2）双频接收机（$L_1 + L_2$）。

单频接收机只能接收经调制的 L_1 信号。这时虽然可以利用导航电文提供的参数，对观测量进行电离层影响修正，但由于修正模型尚不完善，精度较差。所以，单频接收机主要用于基线较短（例如＜150km）的精密定位工作和导航。

双频接收机，可以同时接收 L_1 和 L_2 信号，因而利用双频技术可以消除或减弱电离层折射对观测量的影响，导航和定位的精度较高。

5．根据接收机的用途，可分为

（1）导航型；

（2）大地型；

（3）授时型。

导航型接收机，主要用于确定船舶、车辆、飞机和导弹等运动载体的实时位置和速度，以保障这些载体按预定的路线航行。导航型接收机，一般采用单点实时定位，精度较低。这类接收机结构较为简单，价格便宜，其应用极为广泛。

大地型接收机，主要是指适于进行精密大地测量工作的接收机。这类接收机，一般均采用载波相位观测量进行相对定位，精度很高。观测数据需测后处理，因此需配备功能完善的后处理软件。大地型接收机与导航型接收机相比，其结构复杂，价格较贵。

授时型接收机，主要用于天文台或地面监控站进行时频同步测定。

应当指出：GPS 接收机作为一个用户测量系统，除了应具有接收机、天线和电源等硬件设备外，其软件部分也是构成现代 GPS 测量系统的重要组成部分之一。一般来说，软件包括内软件和外软件。所谓内软件是指诸如控制接收机信号通道，按时序对各卫星信号进行量测的软件以及内存或固化在中央处理器中的自动操作程序等。这类软件已和接收机融为一体。而外软件主要是指观测数据后处理的软件系统，这种软件一般以磁盘方式提供。如无特别说明，通常所说接收设备的软件均指这种后处理软件系统。一个功能齐全、品质优良的软件不仅能方便用户使用，满足用户的多方面要求，而且对于改善定位精度，提高作业效率和开拓新的应用领域都具有重要意义。所以，软件的质量与功能已成为反映现代 GPS 测量系统先进水平的一个重要标志。

有关接收机的详细介绍可参看相应的仪器说明书。

第四节　美国的 SA 政策和用户的对策

一、美国对利用 GPS 的限制政策

因为 GPS 与美国的国防现代化发展密切相关，所以该系统除在设计方面采取了许多保密性措施外，还自 1989 年下半年开始正式实行所谓选择可用性（Selective Availability）政策，简称 SA 政策。即人为地施加误差将卫星星历和 GPS 卫星钟的精度降低，以限制广大民间用户利用 GPS 进行实时（或快速）和较高精度的定位。

GPS 卫星发射的无线电信号，含有两种精度不同的测距码，即所谓 P 码和 C/A 码。

相应两种测距码，GPS 将提供两种定位服务方式，即精密定位服务（PPS）和标准定位服务（SPS）。

精密定位服务的主要对象是美国军事部门和其他特许部门。这类用户可利用 P 码获得精度较高的观测量，且能通过卫星发射的两种频率信号量测距离，以消除电离层折射的影响。利用 PPS 也不会受到 SA 政策的影响，单点实时定位的精度可优于 10m。

P 码是不公开的保密码，广大民间用户难以利用。不过，由于近年来 P 码的结构已被解译，所以美国又采用了新的保密码即 Y 码来代替 P 码，这也叫做反电子诱骗（Anti-spoofing 简称 AS 技术），实施 AS 技术的目的是使 Y 码更难以破译，从而使具有接收 P 码能力的 GPS 接收机不能很好地进行 GPS 定位，给非特许用户使用造成障碍。

标准定位服务的主要对象是广大的民间用户。利用 SPS 所得到的观测量精度较低，且只能采用调制在一种频率上的 C/A 码测量距离，无法利用双频技术消除电离层折射的影响。其单点实时定位精度约为 20～30m。但是在 SA 政策的限制下，利用 SPS 的定位精度降低至约 100m。

2000 年 5 月，美国政府宣布取消 SA 政策，并将逐渐对 GPS 系统进行改进。如研制和发射新的 GPS 卫星，增加 GPS 卫星数目，L_2 载波加载，C/A 码等信息。

二、用户摆脱 SA 限制政策的措施

美国政府对 GPS 用户的限制政策，是民用部门和其他国家的用户极为关心的问题。为了摆脱这种限制，采用的措施主要为：

（一）进行相对定位

利用两站的同步观测资料进行相对定位时，由于星历误差对两站的影响具有很强的相关性，因而在求坐标差时，共同的影响可自行消去，从而获得精度很高的相对位置。星历误差对相对定位的影响通常采用下列公式估算：

$$（db/b）=（ds/\rho）$$

式中　b 为基线长；db 为由于卫星星历误差而引起的基线误差；ds 为星历误差；ρ 为卫星至测站的距离。ds/ρ 通常被称作卫星星历的相对误差。上式是根据一次观测的结果得出的。实测结果表明，经数小时观测后基线的相对误差大约是卫星星历相对误差的四分之一左右，见表 1-2。

基线相对误差同卫星星历相对误差比较 表 1-2

轨道误差（m）	对基线精度影响	轨道误差（m）	对基线精度影响
2.5	10^{-8}	250	10^{-6}
25	10^{-7}		

由此看出，即使 SA 政策实施后，利用广播星历是能保证 $1～2×10^{-6}$ 的相对定位精度的。该方法简便，效果显著，因而被广泛使用。

（二）建立独立的 GPS 卫星测轨系统

利用 GPS 卫星，建立独立的跟踪系统，以精密地测定卫星的轨道为用户提供服务，是一项经济有效的措施。它对开发 GPS 的广泛应用具有重大意义。

1986 年 9 月，美国联邦地质局和得克萨斯大学使用美国本土的 3 个跟踪站定轨数据计算精密星历。1987 年加拿大、德国、瑞典和挪威加入了他们的定轨观测，从而构成了一个国际性的 GPS 卫星跟踪网，并命名为 CIGNET（即 Cooperative International GPS Network）。它是专门用来测定 GPS 卫星的精密星历。目前，已有分布在欧、亚、非、美、大洋五大洲的 20 多个跟踪站参加了 CIGNET 国际定轨网，我国武汉测绘科技大学也是其中之一。目前，我国除积极参与国际定轨网外，还依靠自己的力量，正在建立以西安、乌鲁木齐、长春、昆明等地作为跟踪站的地区性 GPS 测轨网，这对我国利用和普及 GPS 定位技术，推进测绘科学技术现代化，具有重要的现实意义。

（三）建立独立的卫星导航与定位系统

目前，一些国家和地区正在发展自己的卫星导航与定位系统。尤其是前苏联正在建立的全球导航卫星系统（Global Navigation Satellite System-Glonass）引起了世界各国的普遍兴趣。Glonass 系统包括 24 颗卫星（包含 3 颗备用卫星），均匀分布在三个轨道面上，轨道面的倾角为 64.8°，运行周期为 11h15min；卫星信号采用了两种载波，其频率分别为 1.6GHz 和 1.2GHz。该系统已于 1995 年全部完成，投入运行，目前其导航的精度，平面位置约为 100m，速度为 15cm/s，时间为 1ms。

另外，欧洲空间局（European Space Agency – ESA）也正在发展一种以民用为主的卫星定位系统（简称 NAVSAT）。该系统包括 6 颗地球同步卫星和 12 颗高椭球轨道卫星。

上述几种不同卫星定位系统的主要特征见表 1-3。建立自己的卫星导航与定位系统，尽管可以完全摆脱对美国 GPS 的依赖，但这是一项技术复杂且耗资巨大的工程，对于经济和技术尚在发展中的国家来说将是困难的。

不同卫星定位系统的主要特征　　　　　　　　　　　　表 1-3

卫星定位系统	卫星数目（颗）	卫星平均高度（km）	卫星运行周期（min）	载波频率（MHz）	
				L_1	L_2
GPS（美国）	24	20200	718	1565～1586	1217～1238
GLONASS（前苏联）	24	19100	675	1579～1617	1240～1260
NAVSAT（欧洲空间局）	18	20178＊	720	1561～1569	1244～1232

＊ 高椭圆轨道卫星的平均高度。

思 考 题

1. "GPS" 的含义是什么？
2. GPS 定位系统何时建立成功？
3. GPS 定位系统共发射了多少颗工作卫星和多少颗备用卫星？
4. GPS 定位系统的应用特点有哪些？
5. GPS 定位系统由哪几部分组成？
6. GPS 接收机可以按哪些进行分类？
7. 双频接收机的主要优点是什么？
8. 美国 SA 政策的内容是什么？
9. 为了摆脱美国 SA 政策，当前 GPS 用户采取的主要措施有哪些？

第二章　GPS 定位系统的信号、基本观测量及误差分析

第一节　GPS 卫星播发的信号

GPS 卫星信号同我们现实生活中的电磁信号一样。比如电视信号，就是由电视台将音像信息调制到载波（电磁波）上，发射给用户，也就是说电视信号是由载波和音像信息组成。这里载波相当于载体。GPS 信号与电视信号不同点是，调制在电磁波这个载体上的不再是音像信息，而是测距码（C/A 码和 P 码）及卫星的数据码（D 码）。它是由 GPS 卫星发往地面的接收机的。

一、GPS 卫星的载波

（一）载波的参数

载波就是电磁波。由物理学可知，电磁波是一种随时间 t 变化的正弦波，如果设电磁波的初相为 ϕ_0，周期为 T，振幅为 A_e，则电磁波 Y 的数学表达式为

$$Y = A_e \sin 2\pi [(t/T) + \phi_o] \tag{2-1}$$

由上式知电磁波的相位为 ϕ（以周为单位）

$$\phi = t/T + \phi_o \tag{2-2}$$

若设电磁波的频率为 f，波长为 λ，传播速度为 V，则有如下关系

$$f = \frac{1}{T} \tag{2-3}$$

$$V = \lambda \cdot f = \lambda / T \tag{2-4}$$

以上参数通常取 λ 的单位为 m，频率 f 的单位为 Hz，相位 ϕ 的单位为周。

（二）GPS 卫星的载波与大气折射

电磁波在空间传播的速度也就是光速，以 C 表示。在卫星大地测量中，国际上当前采用的真空中的光速为

$$C = 299792458 \text{m/s} \tag{2-5}$$

实际上电磁波由卫星到接收机，并非在真空中传播，而需要经过性质和状态不断变化的大气层。如同光线通过不同介质发生折射一样，电磁波经过大气层时，也要发生传播方向、传播速度的变化，称为大气折射。

我们知道地球表面被一层厚厚的大气层所包围，大部分集中在离地面约 400km 的范围内。对大气层的分层方法较多，若按其对电磁波传播的影响来分，可分为对流层和电离层。对流层集中在从地面向上约 40km 范围内，其对电磁波的影响称对流层延迟；电离层分布在地面以上 70km 至大气层顶部，对电磁波的影响为电离层传播延迟。

GPS 卫星有两种不同的载波 L_1 与 L_2，L_1 的频率 $f_1 = 1575.42 \text{MHz}$，L_2 的频率为 $f_2 = 1227.6 \text{MHz}$，由（2-4）、（2-5）式得波长 $\lambda_1 = 0.1903 \text{m}$，$\lambda_2 = 0.2422 \text{m}$。其中，$L_1$ 调制有 C/

A 码，P 码和 D 码，L_2 调制有 P 码和 D 码。采用两个频率的目的是为了消除电离层折射的影响。

二、GPS 卫星的测距码信号

GPS 卫星的测距码包括 P 码和 C/A 码，由一系列的二进制数组合而成。测距码的主要功能是利用其相关性确定卫星信号从卫星传播到接收机的时间 Δt，称为传播时间延迟。从而得到卫星至测站的距离 $C \cdot \Delta t$。

（一）码及码的特点

1. 二进制数与码

仿十进制数，我们很易理解二进制数，就是逢二进一。亦即二进制的 $(10)_2$ 不再是十进制的 $(10)_{10}$，而是十进制的 $(2)_{10}$。同样，我们可以写出 $(11)_2 = (3)_{10}$，$(100)_2 = (4)_{10}$……所有的能用十进制表示的数，都可以用相应的二进制数表示。二进制数的特点是所有的数全部由 0、1 组成。正是这个特点，二进制在现代通讯和计算机中被广泛应用。因为二进制数很容易用高电压 1 和低电压 0 表示。

二进制同十进制一样，可以通过各种组合表达不同的信息。比如，可用 00、01、10、11 依次代表控制网的一、二、三、四等。这种用以表达各种不同信息的二进制数及其组合便称为码。在二进制码中，一位二进制数叫做一个码元或一个比特 bit（binarydigit 的缩写）。比特是码的度量单位，比如上述控制网等级的编码是 2bit。比特也是信息量的单位，在数字化信息传输中每秒钟传输的比特数称为数码率，用以表示数字化信息的传送速度，其单位为 bit/s 或 BPS（读波普斯）。

2. 随机码

随机码就是二进制数的组合码，每个码元是 0 或 1 完全是随机的，其出现的概率各占 1/2。它是一种非周期码，不能复制。

事实上二进制码的生成和传输，总是和时间分不开的。所以，码可以看成是与时间有关的二进制数码序列，用 $u(t)$ 表示。

对于随机码序列 $u(t)$，为说明其相关性，将 $u(t)$ 平移 k 个码元，便得到一个新的码序列 $u(t)$。如果两个码序列 $u(t)$ 和 $u(t)$ 所对应的码元中相同的码元数（同为 0 或同为 1）为 A，相异的码元数为 B，则随机码序列 $u(t)$ 的自相关系数 $R(t)$ 定义为

$$R(t) = (A - B) / (A + B) \tag{2-6}$$

显然，对于随机码序列 $u(t)$，当平移 $k = 0$ 个码元时 $u(t)$ 与 $u(t)$ 相同，则 $B = 0$，$R(t) = 1$；而当 $k \neq 0$ 时，由于码序列的随机性，当序列中的码元数充分大时，有 $B \approx A$，则自相关系数 $R(t) = 0$。于是，可根据码序列的自相关系数，判断两个随机码序列相应的码元是否已对齐。正是这一点为 GPS 所利用。

3. 伪随机码

由于随机码是一种非周期性的序列，不服从任何编码规则，所以，实际上无法复制和利用。为了实际的应用，GPS 采用了一种伪随机码（Pseudo Random Noise-PRN）。这种码序列不仅保留了随机码良好的自相关特性，而且具有某种特定的编码规则，同时它还具有周期性，易于复制。

伪随机码是由一个称为"r 级反馈移位寄存器"的装置受时钟脉冲的控制产生的，每个时钟脉冲控制输出一个码元。如果设两个时钟脉冲的时间间隔为 t_u，即码元的宽度为

t_u，则 r 级反馈移位寄存器所产生的码序列是一个码长 $N_u = 2^r - 1$ 个码元的周期序列，称为 m 序列。其周期为

$$T_u = (2^r - 1) \ t_u = N_u t_u$$

其中，码元为 1 的个数比码元为 0 的个数多 1，所以，当两个周期相同的 m 序列相应的码元完全对齐时，其相关系数 $R(t) = 1$，而在其他情况下则

$$R(t) = -1/(2^r - 1) \tag{2-7}$$

可见随 r 增大，$R(t)$ 将很快趋近于 0，所以，伪随机码具有良好的自相关性，又是一种结构确定易于复制的周期性序列。

（二）GPS 的测距码

GPS 所使用的测距码（C/A 码、P 码）就是伪随机码。假设 GPS 卫星发射一个伪随机码序列 $U_S(t)$，而 GPS 接收机同时复制出一个结构与之相同的伪随机码序列 $U_r(t)$，则由于信号传播时间延迟的影响，接收机接收到 $U_S(t)$ 时，复制的 $U_r(t)$ 已产生平移，即相应码元已错开，因而 $R(t) \approx 0$。这时，通过一个时延器来调整 $U_r(t)$ 使之与 $U_S(t)$ 的码元完全对齐，即有 $R(t) = 1$。设时延器调整了 $U_r(t)$ k 个码元，GPS 卫星产生伪随机码时的时钟脉冲间隔为 t_u，则信号的传播时间为

$$\Delta\tau = kt_u \tag{2-8}$$

卫星至测站的距离便可由（2-8）式确定

$$\rho = C \cdot \Delta\tau \tag{2-9}$$

1. C/A 码

C/A 码是在频率为 1.023MHz 的钟脉冲驱动下，由两个 10 级反馈移位寄存器相组合而产生的。其特征为

码长　　$N_u = 2^{10} - 1 = 1023$bit；

码元宽　$t_u = 0.97752\ \mu S$，相应距离为 293.1m；

周期　　$T_u = N_u t_u = 1$ms；

数码率 $= N_u / T_u = 1.023$Mbit/s。

C/A 码码长很短，易于捕获。在 GPS 导航和定位中，为了捕获 C/A 码以测定卫星传播信号的时延，通常需要对 C/A 码进行逐个搜索。因为 C/A 码总共只有 1023 个码元，所以若以每秒 50 个码元的速度搜索，只需要 20.5s 便可达到目的。

由于 C/A 码易于捕获，而且通过捕获到的 C/A 码提供的信息，又可方便地捕获 P 码，所以也称 C/A 码为粗捕获码。

C/A 码码元宽度 t_u 较大，假设 $U_S(t)$ 和 $U_r(t)$ 两个序列的码元对齐误差为码元宽度的 1/100，则这时相应的测距误差可达 2.9m。由于其定位精度低，C/A 码又称为粗码。

2. P 码

GPS 卫星发射的 P 码，则是在频率为 10.23MHz 的时钟脉冲驱动下，由两个 12 级移位寄存器相组合产生的，P 码特征为

码长　　$N_u = 2.35 \times 10^{14}$bit；

码元宽　$t_u = 0.097752\ \mu S$；

相应距离为 29.3m；

周期 $T_u = N_u t_u = 267d$；

数码率 $= N_u / T_u = 10.23\text{Mbit/s}$。

由于 P 码周期长，如果再像 C/A 码一样逐个搜索，则需要约 $14 \times 10^5 d$。因此，一般都是先捕获 C/A 码，然后根据导航电文中给出的相关信息捕获 P 码。

由于 P 码码元宽度为 C/A 码的 1/10，若仍取码元对齐的精度为 1/100 码元宽度，则由此引起的相应的距离误差约为 0.29m，仅为 C/A 码的 1/10。所以，P 码可用于较精密的导航和定位，通常称为精码。

三、GPS 卫星的导航电文及由电文计算卫星的位置

卫星的导航电文也称数据码（D 码），由卫星星历、卫星的工作状态、时间系统、卫星钟的运行状态、轨道摄动改正、大气折射改正和由 C/A 码捕获 P 码的信息等组成。GPS 卫星电文是 GPS 定位的数据基础。

（一）电文的格式

卫星电文是以二进制码的形式，按帧发送的。每帧电文包含 5 个子帧，其中 1，2，3 子帧的内容每小时更新一次。而子帧 4 和子帧 5 的内容又各分为 25 页，每帧电文里的子帧 4 和子帧 5 只取其中一页，这样要有 25 帧的电文才能把所有的内容发送完，这 25 帧称为一个主帧，发送一个主帧需要时间 12.5min。

（二）电文内容

1. 遥测字（TLM）交接字（HOW）

遥测字位于各子帧开头，其中所含的同步信号为各子帧提供了一个同步起点，便于用户从此起点译出电文。

交接字紧接着遥测字，提供如何由 C/A 码捕获 P 码的信息，以便捕获跟踪 P 码。

2. 各子帧的内容

子帧 1 中包含了卫星钟的改正数及其数据的期龄、星期的周数编号和卫星的工作状态。

子帧 2 和子帧 3 包含了广播星历的参数，提供卫星的轨道信息。

子帧 4 和子帧 5 包含了卫星的概略星历、卫星的工作状态等，用于选择适当的观测卫星，提高定位精度。

（三）电文中各卫星参数

·卫星钟改正参数 a_0，a_1，a_2 分别表示卫星钟的钟差、钟速和钟速变化率，由这些系数可以计算任意时刻的星钟改正数 Δt。

$$\Delta t = a_0 + a_1 (t - t_{oc}) + a_2 (t - t_{oc})^2 \tag{2-10}$$

式中的 t_{oc} 为 a_0，a_1，a_2 的参考历元（参考时刻）。

·钟数据期龄 AODC，表示基准时间 t_{oc} 和最近一次更新星历数据的时间 t_L 之差，AODC $= t_{oc} - t_L$。钟数据期龄，主要用于评价钟改正数的可信程度。

·WN 表示从 1980 年 1 月 6 日协调时零点起算的 GPS 周数。

·t_{oe} 是星历参数的参考时刻，一般的 $t_{oc} = t_{oe}$。T_{oe} 是每星期六/星期日子夜零时开始起算的 GPS 时，变化于 0 ~ 604800s。

·AODE 表示星历数据的期龄，AODE $= t_{oe} - t_L$。它反映星历外推的可靠程度。这一点就像我们根据食物的出厂日期判断食物质量一样，t_L 类似于出厂日期。

· M_0 参考时刻 t_{oe} 的平近点角。

· Δn 平均运行速度差。

· e 卫星轨道的偏心率。

· $\sqrt{a}$ 轨道长半径的平方根。

· Ω_0 参考时刻 t_{oe} 的升交点赤经。

· N_0 参考时刻 t_{oe} 的轨道倾角。

· ω 近地点角距。

· Ω 升交点赤经的变化率。

· I 轨道倾角的变化率。

· C_{uC}、C_{uS} 升交距角的调和项改正系数。

· C_{rC}、C_{rs} 轨道向径的调和项改正系数。

· C_{iu}、C_{is} 轨道倾角的调和项改正系数。

（四）由卫星的星历参数计算卫星在协议地球坐标系中的位置

计算步骤如下：

1. 计算卫星的平近点角 M

卫星的平均角速度为 n_0

$$n_0 = \sqrt{u} \,/\, (\sqrt{a})^3 \tag{2-11}$$

式中 u 在 WGS-84 坐标系中取 $u = 3.986008 \cdot 10^{14}(\text{m}^3/\text{s}^2)$。$n_0$ 加上改正数 Δn 后得

$$n = n_o + \Delta n \tag{2-12}$$

卫星在观测时刻 t 的平近点角

$$M = M_o + (t - t_{oc}) \cdot n \tag{2-13}$$

2. 求偏近点角 E

$$E = M + e\sin E \tag{2-14}$$

式中 E，M 以弧度为单位，可由式（2-14）迭代解算偏近点角 E，程序如图 2-1 所示。

由于 GPS 卫星轨道的偏心轨道的偏心率 e 很小，所以上述迭代过程很快收敛。

3. 计算真近点角 f

$$\left.\begin{array}{l}\sin f = (\sqrt{1 - e^2}\sin E) \,/\, (1 - e\cos E) \\ \cos f = (\cos E - e) \,/\, (1 - e\cos E)\end{array}\right\} \tag{2-15}$$

4. 计算摄动改正项 δ_u，δ_r，δ_i 升交距角

$$u_o = \omega + f \tag{2-16}$$

摄动改正项：

$$\left.\begin{array}{l}\delta_u = C_{uc}\cos 2u_o + C_{us}\sin 2u_o \\ \delta_r = C_{rc}\cos 2u_o + C_{rs}\sin 2u_o \\ \delta_i = C_{ic}\cos 2u_o + C_{is}\sin 2u_o\end{array}\right\} \tag{2-17}$$

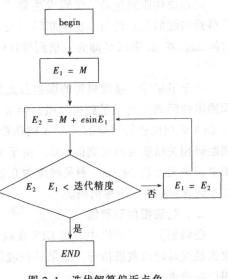

图 2-1 迭代解算偏近点角

5. 计算 u, r, i

$$\left. \begin{array}{l} u = u_o + \delta_u \\ r = a\ (1 - e\cos E)\ + \delta_r \\ i = i_o + \delta_i + i\ (t - t_{oe}) \end{array} \right\} \quad (2\text{-}18)$$

式中 u, r, i 分别为摄动改正后的升交距角，摄动改正后的卫星矢径和摄动改正后的轨道倾角。

6. 计算卫星在轨道平面坐标系中的位置

卫星在轨道平面坐标系中的位置（X 轴指向升交点）：

$$\left. \begin{array}{l} x = r\cos u \\ y = r\sin u \\ z = 0 \end{array} \right\} \quad (2\text{-}19)$$

7. 计算观测瞬间升交点的经度 λ

$$\lambda = \Omega_o + (\Omega - \omega_e)(t - t_{oe}) - \omega_e t_{oe} \quad (2\text{-}20)$$

式中 t 为观测时刻，ω_e 为地球自转角速度。

$$\omega_e = 7.292115 \cdot 10^{-5}\ (\text{rad/s})$$

8. 求卫星在协议地球坐标系中的位置

$$\left| \begin{array}{c} X \\ Y \\ Z \end{array} \right| = R_3\ (-\lambda)\ R_1\ (-i)\ \left| \begin{array}{c} x \\ y \\ z \end{array} \right| = \left| \begin{array}{c} x\cos\lambda - y\cos i\sin\lambda \\ x\ \sin\lambda + y\cos i\cos\lambda \\ y\sin i \end{array} \right| \quad (2\text{-}21)$$

式中 $R_3\ (-\lambda)$、$R_1\ (-i)$ 为坐标系的旋转矩阵。

第二节　GPS 定位的基本观测量

一、码相位伪距测量

码相位伪距测量是将伪码发生器产生的与卫星结构完全相同的码经过延时器延时 τ 后得到接收的测距码与本机复制码相关处理，相关系数为 1 时，τ 就是卫星信号延迟传播时间 Δt。将 Δt 乘以 C 即为卫星到接收机间距离 ρ。

$$\rho = \Delta t \cdot c \quad (2\text{-}22)$$

由于卫星钟、接收机钟的误差及无线电信号经过电离层和对流层中的延迟，因此，实际测出的距离 ρ 与卫星到接收机距离 R 有误差。一般称此量测出的距离 ρ 为伪距。通过对 C/A 码相位进行测量的为 C/A 码伪距，对 P 码相位测量的为 P 码伪码。复制码与接收测距码相关精度为码元宽的 1%。由于 C/A 码码元波长 λ 为 293m，其测量精度为 2.9m，而 P 码码元波长 29.3m、测量精度为 0.29m，比 C/A 码测量精度高一倍，所以，有时也将 C/A 码称粗码，P 码称精码。

二、载波相位观测值

在码相关型接收机中，当 GPS 接收机锁定卫星载波相位，就可以得到从卫星传到接收机经过延时的载波信号。如果将载波信号与接收机内产生的基准信号相比就可得到载波相位观测值，如图 2-2 所示。

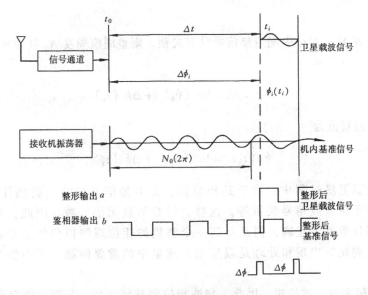

图 2-2　载波相位测量

若接收机内振荡器频率初相位与卫星发射载波初相位完全相同，卫星在 t_0 时刻发射信号，经过 Δt 后于 t_i 时刻被接收机接收，接收机通道锁定卫星信号，Δt 对应的相位差为 ϕ_i^j，又设卫星载波信号于历元 t_i 时刻的相位为 ϕ^j（t_i），接收机基准信号在 t_i 时刻相位为 ϕ_i（t_i），则有

$$\phi_i^j = \phi_i \ (t_i) \ - \phi^j \ (t_i) \tag{2-23}$$

卫星到接收机距离为

$$\rho = \lambda\phi_i^j = \lambda \ [\phi_i \ (t_i) \ - \phi^j \ (t_i)] \tag{2-24}$$

为了测定相位，必须将两路信号进行整形，整形后的卫星载波信号和机内基准信号如图 2-2(a)、(b)所示。在相器内以脉冲上沿进行测相就可以得 $\Delta\phi(t_i)$，即为载波相位不足一个整周的相位值。卫星到接收机间的相位差为 N_0 个整周相位和不到一个整周相位之和，即

$$\phi_i^j = N_02\pi + \Delta\phi \ (t_i) \tag{2-25}$$

在鉴相器中，只能测出不足一个整周相位值，N_0 测不出。因此，在载波相位测量中出现了一个整周未知数 N_0（也称为整周模糊度）。N_0 需要通过其他途径求定，然后，才能求得卫星到接收机的距离。

当接收机锁定卫星后，即可测定 t_i 时刻的载波相位观测值。接收机若继续跟踪卫星信号，就可以不断地测定 $\Delta\phi$（t_k），并且利用整波计数器 Int（ϕ）记录由 t_i 到 t_k 时间内的整周数变化。它的几何意义如图

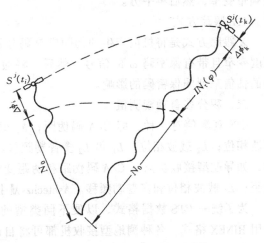

图 2-3　载波相位测量观测值

2-3 所示。

只要卫星 S^j 从 t_i 到 t_k 中间卫星信号没有失锁，则整周模糊度 N_0 就为常数，t_k 时刻卫星到接收机的相位差为

$$\phi_k{}^j = N_0 + \text{Int}\ (\phi_k)\ + \Delta\phi\ (t_k) \tag{2-26}$$

载波相位测量值为

$$\phi^j\ (t_k)\ = \text{Int}\ (\phi_k)\ + \Delta\phi\ (t_k) \tag{2-27}$$

如果在跟踪卫星过程中，由于某种原因，如卫星信号被障碍物挡住而暂时中断、受无线电信号干扰造成信号失锁等，这样，计数器就无法计数。因此，当信号重新被跟踪后，整周计数就不正确，但是不到一个整周的相位观测值仍然是正确的。这种现象称为周跳。周跳的出现和处理是载波相位测量中的重要问题，下面将要介绍周跳的判断和修正。

由于载波频率高、波长短，因此，载波相位测量精度高。若测相精度为 $1\%f$，则 L_1 载波波长为 19cm，其测距精度为 0.19mm；L_2 载波波长为 24cm，其测距精度为 0.24mm。因此，利用载波相位观测值进行定位，精度要比码相位伪距测量定位精度高，只是要解决整周模糊度的解算和周跳修复问题。

载波的获取除采用上述的码相关型通道外，目前，还有下面几种方法：

1. 平方法

平方技术的基本思想是将接收的卫星信号通过自乘去掉调制码，获得载波信号以进行载波相位测量。

2. 互相关法

互相关技术是在 L_1 信号通道中引进时延使 L_1 和 L_2 信号进行相关处理，在 L_1 和 L_2 信号之间达到最大相关时，记录时延。

3. 码相关平方法

码相关平方技术是建立在已知 P 码基础上将 L_2 上的 Y 码信号和机内生成的 P 码相关使频带变窄，然后再平方。

4. Z 跟踪方式

Z 跟踪方式是将机内产生的伪随机 P 码分别与 L_1、L_2 相关得到载波频率变低，频带宽度变窄且带有保密码 ω 的信号。然后，将通过低通滤波的信号进行处理，利用对保密码的估值来削弱保密码的影响。

三、积分多普勒观测值

GPS 观测值有 7 种：即 C/A 码伪距；L_1 载波上 P 码伪距；L_2 载波上 P_2 为伪距；L_1 载波相位；L_2 载波相位；L_1 和 L_2 多普勒频移。但是，对于不同的接收机其测量值是不同的，如导航型接收机只有 C/A 码伪距和伪距变化率测量值；测地型单频接收机有 C/A 码伪距；L_1 载波相位和多普勒频移。Ashtechz-Ⅻ上述 7 种观测值全有。

为了统一 GPS 数据格式，以便不同类型的 GPS 接收机观测数据都可以互用。目前，采用 RINEX 格式。各种测地型接收机都可将自己接收机的文件格式转成 RINEX 格式，表2-1 是 Ashtechz-Ⅻ型接收机接收的星历文件。表 2-2 为 Ashtechz-Ⅻ型接收机的观测值文件。

```
2                           OBSERVATION DATA                    RINEX
VERSION/TYPE
ASHTORIN                     28-APR-95   15:35               PGM/RUN BY/DATE
                                                             COMMENT
BTO1                                                         MARKER NAME
                                                             MARKER NUMBER
                                                             OBSERVER/AGENCY
                            Z-XII3              1E001C5       REC # /TYPE/VERS
                                                             ANT # /TYPE
 – 2181259.3700            4387169.6700       4070130.0900   APPROX POSITION XYZ
0.0001                      0.0000            0.0000         A NTENNA：DELTA H/E/N
1                              1                            WAVELENGTH FACT L1/2
7        L1    L2    C1    P1        P2    D1    D2          # /TYPES OF OBSERV
20                                                          INTERVAL
1995    4     21    2    17      40.000000                  TIME OF FIRST OBS
1995    4     21    3    58      39.995000                  TIME OF LAST OBS
                                                            END OF HEADER
95 421 2 17 40.0000000      0 7 25 22 29 18 6 28 14              0.000052222
186710.1939         126335.7289      21448249.995   21448250.800   21448258.711
 – 2028.015          – 1580.271
44703.9429          32460.5479       20145933.685   20145933.825   20145940.056
 – 453.895           – 353.684
 – 143258.866 9      – 104358.2779   21828405.404   21828404.152   21828411.341
1624.405            1265.770
 – 260428.136 8      – 188141.138 8  23758781.159   23758780.321   23758791.433
2910.197            2267.686
279576.258 8        204789.878 8     24438965.493   24438966.325   24438977.974
 – 3072.246          – 2393.958
 – 270032.163 9      – 197396.804 9  22489734.857   22489734.030   22489742.178
3051.520            2377.808
275469.873 9        195177.191 8     24118505.855   24118506.753   24118517.930
 – 2734.788          – 2131.004
95 4 21 2 18 0.0000000      0 7 25 22 29 18 6 28 14              0.000054527
227072.598 9        157786.937 9     21455930.384   21455931.635   21455939.447
 – 2008.380          – 1564.971
53612.833 9         39402.550 9      20147628.801   20147629.025   20147635.460
 – 437.033           – 340.545
 – 175892.402 9      – 129787.008 9  218221195.172  21822194.336   21822201.487
1638.872            1277.043
 – 318826.465 9      – 233646.300 8  23747668.848   23747667.701   23747678.705
2929.515            2282.739
340826.523 8        252517.321 8     24450620.915   24450621.909   24450631.593
 – 3053.051          – 2379.001
 – 331262.528 9      – 245108.744 9  22478082.853   22478082.744   22478090.438
3071.382            2393.285
329950.316 9        237629.450 8     24128873.056   24128874.349   24128885.054
 – 2713.375          – 2114.318
95 4 21 2 18 20.0000000     0 7 25 22 29 18 6 28 14
```

| 2 | | NAVIGATION DATA | | | RINEX |

VERSION/TYPE

| ASHTORIN | bj01 | 28-APR-95 15：36 | | | PGM/RUN BY/DATE |

COMMENT

END OF HEADER

6 95 4 21 4 0 0.0	.409465748817D – 03	.388808985008D – 10	.000000000000D + 00
.207000000000D + 03	.600000000000D + 01	.463662170533D – 08	– .875396904115D + 00
.320374965668D – 06	.613404472824D – 02	.342167913914D – 05	.515376500130D + 04
.446400000000D + 06	.115483999252D – 06	.285160097747D + 01	.372529029846D – 08
.961036732660D + 00	.307750000000D + 03	– .288122686650D + 01	– .839927843509D – 08
.235009789101D – 09	.000000000000D + 00	.797000000000D + 03	.000000000000D + 00
.700000000000D + 01	.000000000000D + 00	.139698386192D – 08	.207000000000D + 03
.440220000000D + 06	.000000000000D + 00	.000000000000D + 00	.000000000000D + 00
14 95 4 21 4 0 0.0	.886851921678D – 05	.113686837722D – 12	.000000000000D + 00
.200000000000D + 01	– .114687500000D + 02	.457983362560D – 08	.860535868362D + 00
– .620260834694D – 06	.268093124032D – 02	.101588666439D – 04	.515357118797D + 04
.446400000000D + 06	– .149011611938D – 07	– .132905861439D + 01	.204890966415D – 07
.962665937712D + 00	.180906250000D + 03	– .313043479307D + 01	– .800783355841D – 08
.271797035723D – 09	.000000000000D + 00	.797000000000D + 03	.000000000000D + 00
.700000000000D + 01	.000000000000D + 00	.139698386192D – 08	.258000000000D + 03
.440220000000D + 06	.000000000000D + 00	.000000000000D + 00	.000000000000D + 00
18 95 4 21 4 0 0.0	– .901333987713D – 05	– .341060513165D – 12	.000000000000D + 00
.140000000000D + 03	.796875000000D + 01	524950437721D – 08	.9986534137861D + 00
.279396772385D – 06	.587554194499D – 02	.705942511559D – 05	.51536005516D + 04
.446400000000D + 06	– .968575477600D – 07	– .342590683534D + 00	– .447034835815D – 07
.943106559145D + 00	.236093750000D + 03	.142173690461D + 01	– .842285084555D – 08
– .115719105880D – 09	.000000000000D + 00	.797000000000D + 03	.000000000000D + 00
.700000000000D + 01	.000000000000D + 00	– .186264514923D – 08	.396000000000D + 03
.440220000000D + 06	.000000000000D + 00	.000000000000D + 00	.000000000000D + 00
22 95 4 21 4 0 0.0	.211172737181D – 03	.306954461848D – 11	.000000000000D + 00

第三节　GPS 定位的误差来源及其影响

一、误差的分类

在 GPS 测量中，影响观测量精度的主要误差来源可分为三类：

1．与 GPS 卫星有关的误差；

2．与信号传播有关的误差；

3．与接收机有关的误差。

这些误差的细节及其影响参见表 2-3。为了便于理解，通常把各种误差的影响投影到测站至卫星的距离上，用相应的距离误差表示，并称为等效距离偏差。表 2-3 所列对观测距离的影响，即为与相应误差等效的距离偏差。

根据误差的性质，上述误差还可分为系统误差与偶然误差两类。

（一）系统误差

系统误差主要包括卫星的轨道误差、卫星钟差、接收机钟差以及大气折射的误差。为了减弱和修正系统误差对观测量的影响，一般根据系统误差产生的原因而采取不同的措施，其中包括：

GPS 测量的主要误差   表 2-3

误差来源	对距离测量的影响	误差来源	对距离测量的影响
卫星 ——轨道误差 ——钟误差	1.5 ~ 15m	信号传播 ——对流层 ——电离层 ——多路径效应	1.5 ~ 15m
		接收机 ——观测误差 ——相位中心变化	1.5 ~ 15m

1. 引入相应的未知参数，在数据处理中连同其他未知数一并解算；

2. 建立系统误差模型，对观测量加以修正；

3. 将不同观测站对相同卫星的同步观测值求差，以减弱或消除系统误差的影响；

4. 简单地忽略某些系统误差的影响。

（二）偶然误差

偶然误差主要包括信号的多路径效应引起的误差和观测误差等。

二、与卫星有关的误差

与 GPS 卫星有关的误差，主要包括卫星钟的误差和卫星的轨道误差。

（一）卫星钟差

由于卫星的位置是时间的函数，所以 GPS 的观测量均以精密测时为依据。而与卫星位置相应的时间信息是通过卫星广播星历传送给用户的。在 GPS 测量中，无论是码相位观测还是载波相位观测，均要求卫星钟和接收机钟保持严格同步。实际上尽管 GPS 卫星均设有高精度的原子钟（铷钟和铯钟），但它们与理想的 GPS 时之间仍存在着难以避免的偏差或漂移。这些偏差的总量均在 1ms 以内，由此引起的等效距离误差约可达 300km。

对于卫星钟的这种偏差，一般可以通过对卫星钟运行状态的连续监测而精确地确定，并表示为以下二阶多项式的形式

$$\delta_t = a_0 + a_1(t - t_{0e}) + a_2(t - t_{0e})^2 \tag{2-28}$$

式中 t_{0e} 为参考历元；a_0 为卫星钟的钟差；a_1 为卫星钟的钟速；a_2 为卫星钟的钟速变率。这些数值由卫星的主控站测定，并通过卫星的导航电文提供给用户。

经以上钟差模型改正后，各卫星钟之间的同步差可保持在 20ns 以内，由此引起的等效距离偏差将不会超过 6m。卫星钟差或经改正后的残差，在相对定位中可以通过观测量求差的方法消除。

（二）轨道偏差

处理卫星的轨道误差一般比较困难，其主要原因是，卫星在运行中要受到多种摄动力的复杂影响，而通过地面监测站又难以充分可靠地测定这些作用力并掌握它们的作用规律。目前，用户通过导航电文所得到的卫星轨道信息，其相应的位置误差均为 20 ~ 50m。但随着摄动力模型和定轨技术的不断完善，预计上述卫星的位置精度将可提高到 5 ~ 10m。

卫星的轨道误差是当前利用 GPS 定位的重要误差来源之一。GPS 卫星距地面观测站的最大距离约为 25000km，如果基线测量的允许误差为 1cm，则当基线长度不同时，允许的

轨道误差大致见表2-4。可见，在相对定位中随着基线长度的增加，卫星轨道误差将成为影响定位精度的主要因素。

基线长度与容许轨道误差 表 2-4

基线长度 （km）	基线相对误差 （×10⁻⁶）	容许轨道误差 （m）	基线长度 （km）	基线相对误差 （×10⁻⁶）	容许轨道误差 （m）
1.0	10	250.0	100.0	0.1	2.5
10.0	1.0	25.0	1000.0	0.01	0.25

在 GPS 测量中，根据不同的要求，处理卫星轨道误差的方法，原则上有三种。

1. 忽略轨道误差。这时简单地认为，由导航电文所获得的卫星轨道信息是不含误差的。很明显，这时卫星轨道实际存在的误差将成为影响定位精度的主要因素之一。这一方法广泛地应用于实时定位工作。

2. 采用轨道改进法处理观测数据。这一方法的基本思想是，在数据处理中引入表征卫星轨道偏差的改正参数，并假设在短时间内这些参数为常量，将其作为待估量与其他未知参数一并求解。

轨道改进法一般用于精度要求较高的定位工作，需要进行测后处理，根据引入轨道偏差改正数的不同，又分为短弧法和半短弧法。

3. 同步观测值求差。这一方法是利用在两个或多个测站上，对同一卫星的同步观测值求差，以减弱卫星轨道误差的影响。由于同一卫星的位置误差对不同观测站同步观测量的影响具有系统性质，所以通过上述求差的方法，可以明显地减弱卫星轨道误差的影响，尤其当基线较短时，效果更为明显。这种方法对于精密相对定位具有极其重要的意义。

三、卫星信号的传播误差

与卫星信号传播有关的误差主要包括大气折射误差和多路径效应。

（一）电离层折射的影响

大家知道，地球的表面被一层很厚的大气所包围，电离层分布于地球大气层的顶部，约在地面向上 70km 以上的范围。由于原子氧吸收了太阳紫外线的能量，所以该大气层的温度随高度的上升而迅速升高。同时，由于太阳和其他天体的各种射线作用，使该层的大气分子大部分发生电离，从而具有密度较高的带电粒子。大气层中电子的密度决定于太阳辐射的强度和大气的密度。因而，电离层的电子密度不仅随高度而异，而且与太阳黑子的活动密切相关。

由于电离层含有较高密度的电子，所以该层大气对电磁波的传播属弥散介质。也就是说，这时电磁波的传播与频率有关。GPS 卫星信号和其他电磁波信号一样，当其通过电离层时将受到这一介质弥散特性的影响，使信号的传播路径产生变化。假设由此引起电磁波信号传播路径的变化为 ΔI：

$$\Delta I = \int^s (n-1)\mathrm{d}s \tag{2-29}$$

式中 n 为电离层的折射率，s 为信号的传播路径。在离子化的大气中，折射率的弥散公式为

$$n \approx 1 - 40.28\ (N_e/f^2) \tag{2-30}$$

式中 N_e 为大气电子密度（电子数/m^3），f 为电磁波的频率。

对于 GPS 的码相位观测

$$\Delta I_g \approx 40.28(N_\Sigma/f^2) \tag{2-31}$$

对 GPS 载波相位观测

$$\Delta I_p \approx 40.28(N_\Sigma/f^2) \tag{2-32}$$

式中 $N_\Sigma = \int^s (n-1)ds$ 为信号传播路径上的电子总量。由此可见，电离层对信号传播路径影响的大小，主要取决于电子总量 N_Σ 和信号的频率 f。

根据实际资料的分析：对于 GPS 测量，因电离层折射引起电磁波传播路径的距离差，沿天顶方向最大可达 50m，而沿水平方向最大可达 150m。为了减弱电离层的影响，在 GPS 测量中通常采取以下措施：

1. 利用双频观测

由于电离层的影响是信号频率的函数，所以利用不同频率的电磁波信号进行观测，便可能确定其影响的大小，以便对观测量加以修正。

假设 $\Delta I_g(L_1)$ 为用 L_1 载波的码观测时电离层对距离观测值的影响，而 $\tilde{\rho}_{f1}$ 和 $\tilde{\rho}_{f2}$ 分别为根据载波 L_1 和 L_2 的码观测所得到的伪距，并取 $\delta_\rho = \tilde{\rho}_{f1} - \tilde{\rho}_{f2}$，于是可导出

$$\Delta I_g(L_1) = \delta_\rho[f_2^2/(f_2^2 - f_1^2)] = -1.5457\delta_\rho \tag{2-33}$$

对于载波相位观测量的影响有

$$\delta\Phi_{IP}(L_1) = [\Phi_{f1} - \Phi_{f2}(f_1/f_2)][f_2^2/(f_2^2 - f_1^2)] = -1.5457(\Phi_{f1} - 1.2833\Phi_{f2})$$

$$\tag{2-34}$$

式中 $\delta\Phi_{IP}(L_1)$ 为用频率 f_1 的载波观测时，电离层折射对相位观测量的影响；Φ_{f1} 和 Φ_{f2} 为相应于频率 f_1 和 f_2 的载波相位观测量。

实践表明，利用模型（2-32）和（2-33）修正，其消除电离层影响的有效性将不低于 95%。因此，具有双频的 GPS 接收机，在精密定位工作中得到了广泛地应用。应当指出，在太阳辐射强烈的正午或在太阳黑子活动的异常期，虽经上述模型修正，但由于模型的完善而引起的残差仍可能是明显的，这在拟定精密定位的观测计划时应慎重考虑。

2. 利用电离层模型加以修正

对于具有单频接收机的用户，为了减弱电离层的影响，一般是采用由导航电文所提供的电离层模型或其他适宜的电离层模型加以改正。但是，这种模型至今仍在完善中。目前，模型改正的有效性可能低于 75%。也就是说，当电离层对距离观测值的影响为 50m 时，修正后的残差仍可达 12.5m。

3. 利用同步观测值求差

这一方法是利用两台或多台接收机对同一组卫星的同步观测值求差，以减弱电离层的

影响。尤其与观测站的距离较近时（如小于 10km），由于卫星信号到达不同观测站的路径相近，所经过的介质状况相似，所以通过不同观测站对相同卫星的同步观测值求差，便可显著地减弱电离层折射影响，其残差将不会超过 1×10^{-6}。对具有单频接收机的用户，这一方法的重要意义尤为明显。

（二）对流层折射的影响

对流层是指从地面向上约 40km 范围内的大气底层，整个大气层质量的 99% 几乎都集中在该大气层中。在对流层中虽有少量带电离子，但其对电磁波的传播几乎没有什么影响，所以对流层中的大气实际上是中性的，它对频率低于 30GHz 的电磁波传播可认为是非弥散性介质。这就是说，电磁波在其中的传播速度与频率无关。

由于对流层接近于地面，具有很强的对流作用，云、雾、雨、雪、风等主要天气现象均出现在其中。该层大气的组成除含有各种气体元素外，还含有水滴、冰晶和尘埃等杂质，它们对电磁波的传播具有很大的影响。

由于对流层折射的影响，在天顶方向（高度角为 90°）可使电磁波的传播路径差达2.3m；当高度角为 10°时高达 20m。因此，这种影响在精密导航和定位中必须引起重视。为了分析方便，通常将对流层折射对观测值的影响分为干分量和湿分量两部分，其中干分量主要与大气的温度与压力有关，它对距离观测值的影响约占对流层影响的 90%，且这种影响可以应用地面的大气资料计算，比较有名的是霍普菲尔德（Hopfield, H.）经验公式，读者可参阅有关文献；而湿分量主要与信号传播路径上的大气湿度和高度有关，湿分量的影响数值虽不大，但由于难以可靠地确定信号传播路径上的大气物理参数，所以湿分量尚无法准确地测定。因此，当要求定位精度较高或基线较长时（例如，大于 50km）时，它将成为误差的主要来源之一。目前，虽可用水汽辐射计比较精确地测定信号传播路径上的大气水气含量，但由于设备过于庞大和昂贵，尚不能普遍采用。

关于对流层折射的影响，一般采取以下处理办法：

1. 定位精度要求不高时，可以简单地忽略。

2. 尽可能充分地掌握测站周围地区的实时气象资料，采用对流层模型加以改正。

3. 引入描述对流层影响的附加待估参数，在数据处理中一并求解。

4. 选用合适的卫星高度截止角，一般规定为不得小于 15°。因为，卫星高度角不同，对流层折射影响也不同，高度角越小，折射越大，计算折射的误差也越大。

5. 利用相对定位的差分模型。与电离层的影响相类似，当基线较短时（例如，小于10km），在稳定的大气条件下，由于信号通过对流层的路径相近，基线两端对流层的物理特性相似，所以通过基线两端的同步观测量的求差，可以明显地减弱对流层折射的影响。因此，这一方法在精密相对定位中应用甚为广泛。不过，随着同步观测站之间距离的增大，地区大气状况的相关性很快减弱，这一方法的有效性也将随之降低。根据经验，当距离大于 50 ~ 100km 时，对流层的折射对 GPS 定位精度的影响将成为决定性的因素之一。

（三）多路径效应影响

所谓多路径效应，即接收天线除直接收到卫星的信号外，尚可能收到经天线周围地物反射的卫星信号（图 2-4）两种信号叠加将引起测量参考点（相位中心）位置的变化。这种变化随天线周围反射面的性质而异，难以控制。多路径效应具有周期性的特征，其变化幅度可达数厘米。在同一地点，当所测卫星的分布相似时，多路径效应将会重复出现。

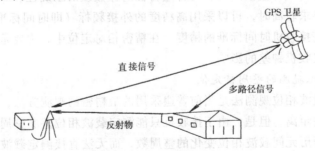

图 2-4　多路径效应示意图

多路径效应严重损害 GPS 测量的精度，严重时还将引起信号的失锁，是 GPS 测量中的一种重要的误差源。减弱多路径效应影响的主要办法有：

1．选择造型适宜且屏蔽良好的天线。

2．安置接收天线的环境应避开较强的反射面，如水面、平坦光滑地地面和平整的建筑物表面等。

3．用较长观测时间的数据取平均值。

四、与接收机有关的误差

与用户接收机有关的误差主要包括：观测误差、接收机钟差、相位中心误差和载波相位观测的整周不定性误差。

（一）观测误差

这类误差除观测的分辨误差之外，还包括接收机天线相对测站点的安置误差。根据经验，一般认为观测的分辨误差约为信号波长的 1%。由此，对 GPS 码信号和载波信号的观测精度见表 2-5。观测误差属偶然性质的误差，适当增加观测量将会明显地减弱其影响。

码相位与载波相位的分辨误差　　　　　　　　　　　　　　表 2-5

信　号	波　长	观测误差	信　号	波　长	观测误差
P 码	29.3m	0.3m	载波 L_1	19.05cm	2.0mm
C/A 码	293m	2.9m	载波 L_2	24.45cm	2.5mm

接收机天线相对测站中心的安置误差，主要有天线的置平与对中误差和量取天线相位中心高度（天线高）的误差。例如，当天线的高度为 1.6m 时，如果天线的置平误差为 0.1°，则由此引起光学对中器的对中误差约为 3mm。因此，在精密定位工作中必须仔细操作，以尽量减小这种误差的影响。

（二）接收机的钟差

GPS 接收机一般设有高精度的石英钟，其稳定度约为 10^{-11}。如果接收机钟与卫星之间的同步差为 $1\mu s$，则由此引起的等效距离误差约为 300m。

处理接收机钟差比较有效的方法是在每个测站上引入一个钟差参数作为未知数，在数据处理中与测站的位置参数一并求解。这时，如假设在每一观测瞬间钟差都是独立的，则处理较为简单。所以，这一方法广泛应用于实时定位。在静态绝对定位中，也可像卫星钟那样，将接收机钟差表示为多项式的形式，并在观测量的平差计算中求解多项式的系数。

不过这将涉及到在构成钟差模型时，对钟差特性所作假设的正确性。

在定位精度要求较高时，可以采用高精度的外接频标（即时间标准），如铷原子钟或铯原子钟，以提高接收机时间标准的精度。在精密相对定位中，主要是利用观测值求差的办法有效地消除接收机钟差的影响。

（三）载波相位观测的整周待定值

前已指出，载波相位观测法是当前普遍采用的最精密的观测方法，它可以精确地测定卫星至地面测站的距离。但是，由于接收机只能测定载波相位差非整周的小数部分和从某一起始历元至观测历元间载波相位变化的整周数，而无法直接测定载波相位相应该起始历元在传播路径上变化的整周数。因而在测相伪距观测值中将存在整周待定值的影响。这是载波相位观测法的缺点。

另外，已知载波相位观测除了存在上述整周待定值之外，在观测过程中还可能发生整周跳变问题。当用户接收机到卫星信号并进行实时跟踪（锁定）后，载波信号的整周数便可由接收机自动地计数。但是在中途，如果卫星的信号被阻挡或受到干扰，则接收机的跟踪便可能中断（失锁）。而当卫星信号被重新锁定后，被测载波相位的小数部分将仍和未发生中断的情形一样是连续的，可这时整周数却不再是连续的。这种情况称为整周跳变，简称周跳。周跳现象在载波相位测量中是经常发生的，它对距离观测的影响和整周待定值的影响相似，在精密定位的数据处理中，都是一个非常重要的问题。有关整周待定值和周跳的处理方法在前节中已作介绍。

（四）天线的相位中心位置偏差

在 GPS 测量中，无论是伪距观测还是载波相位观测，观测值都是以接收机天线的相位中心位置为准的，天线的相位中心与其几何中心，在理论上应保持一致。实际上天线的相位中心随着信号输入的强度和方向不同而有所变化，即观测时相位中心的瞬时位置（一般称视相位中心）与理论上的相位中心将有所不同。天线相位中心的偏差对相对定位结果的影响，根据天线性能的好坏可达数毫米至数厘米。所以，对于精密相对定位来说，这种影响是不容忽视的。而如何减小相位中心的偏移是天线设计中的一个迫切问题。

实际工作，如果使用同一类型的天线，在相距不远的两个或多个观测站上同步观测，便可通过观测值的求差来削弱相位中心偏移的影响，不过这时各测站接收机的天线均应按天线附有的方位标志线进行定向（一般取正比）。根据不同的精度要求，定向偏差应保持在 3°～5°以内。对于没有方位标志线的天线，用户可以自己设置一个任意的零方向，各站采用同样的定向也有一定的效果。

应当指出，在 GPS 测量中除上述各种误差外，卫星钟和接收钟振荡器的随机误差、大气折射模型和卫星轨道摄动模型的误差、地球自转和地球潮汐以及信号传播的相对论效应等，都会对 GPS 的观测量产生影响，此处不做细述了。随着对长距离定位精度要求的不断提高，研究这些误差来源并确定它们的影响规律具有重要意义。

思 考 题

1. GPS 卫星播发的信号与电视信号的区别是什么？

2. GPS 卫星的测距码包括哪两种？它们的主要功能是什么？这两种码之间有什么区别？

3. 为什么 GPS 卫星的导航电文也称数据码？它是由哪些信息组成的？

4.GPS 卫星有哪两种不同的载波？它们各调制哪些码？

5.导航型接收机的基本观测量有哪些？

6.测地型单频接收机和测地型双频接收机的基本观测量各有哪些？

7.GPS 定位的主要误差来源有哪三类？

8.如何减弱电离层和多路径效应对 GPS 定位成果的影响？

第三章　GPS 定位原理

第一节　基本定位原理

GPS 进行定位的方法，根据用户接收机天线在测量中所处的状态来分，可分为静态定位和动态定位；若按定位的结果进行分类，则可分为绝对定位和相对定位。

所谓绝对定位，是在 WGS-84 坐标系中，独立确定观测站相对地球质心绝对位置的方法。相对定位同样在 WGS-84 坐标系中，确定的则是观测站与某一地面参考点之间的相对位置，或两观测站之间相对位置的方法。

所谓静态定位，即在定位过程中，接收机天线（待定点）的位置相对于周围地面点而言，处于静止状态。而动态定位正好与之相反，即在定位过程中，接收机天线处于运动状态，也就是说定位结果是连续变化的，如用于飞机、轮船导航定位的方法就属动态定位。

各种定位方法还可有不同的组合，如静态绝对定位、静态相对定位、动态绝对定位、动态相对定位等。现就测绘领域中，最常用的静态定位方法的原理作一简介。

利用 GPS 进行定位的基本原理，是以 GPS 卫星和用户接收机天线之间距离（或距离差）的观测量为基础，并根据已知的卫星瞬时坐标来确定用户接收机所对应的点位，即待定点的三维坐标 (x, y, z)。由此可见，GPS 定位的关键是测定用户接收机天线至 GPS 卫星之间的距离。

一、伪距的概念及伪距测量

GPS 卫星能够按照星载时钟发射某一结构为"伪随机噪声码"的信号，称为测距码信号（即粗码 C/A 码或精码 P 码）。该信号从卫星发射经时间 Δt 后，到达接收机天线；用上述信号传播时间 Δt 乘以电磁波在真空中的速度 C，就是卫星至接收机的空间几何距离 ρ，即

$$\rho = \Delta t \cdot C \tag{3-1}$$

实际上，由于传播时间 Δt 中包含有卫星时钟与接收机时钟不同步的误差，测距码在大气中传播的延迟误差等等，由此求得的距离值并非真正的站星几何距离，习惯上称之为"伪距"，用 $\tilde{\rho}$ 表示，与之相对应的定位方法称为伪距法定位。

为了测定上述测距码的时间延迟，即 GPS 卫星信号的传播时间，需要在用户接收机内复制测距码信号，并通过接收机内的可调延时器进行相移，使得复制的码信号与接收到的相应码信号达到最大相关，即使之相应的码元对齐。为此，所调整的相移量便是卫星发射的测距码信号到达接收机天线的传播时间，即时间延迟 τ。

假设在某一标准时刻 T_a 卫星发出一个信号，该瞬间卫星钟的时刻为 t_a；该信号在标准时刻 T_b 到达接收机，此时相应接收机时钟的读数为 t_b。于是，伪距测量测得的时间延迟 τ，即为 t_b 与 t_a 差，即

$$\tilde{\rho} = \tau \cdot C = (t_b - t_a) \cdot C \tag{3-2}$$

由于卫星钟和接收机时钟与标准时间存在着误差，设信号发射和接收时刻的卫星和接收钟差改正数分别为 V_a 和 V_b，则有

$$\left. \begin{array}{l} t_a + v_a = T_a \\ t_b + v_b = T_b \end{array} \right\} \tag{3-3}$$

将式（3-3）代入式（3-2），可得

$$\tilde{\rho} = (T_b - T_a) \cdot C + (V_a - V_b) \cdot C \tag{3-4}$$

式中（$T_b - T_a$）即为测距码从卫星到接收机的实际传播时间 ΔT。由上述分析可知，在 ΔT 中已对钟差进行了改正；但由 $\Delta T \cdot C$ 所计算出的距离中，仍包含有测距码在大气中传播的延迟误差，必须加以改正。设定位测量时，大气中电离层折射改正数为 $\delta_{\rho L}$，对流层折射改正数为 $\delta_{\rho T}$，则所求 GPS 卫星至接收机的真正空间几何距离 ρ 应为

$$\rho = \Delta T \cdot C + \delta_{\rho L} + \delta_{\rho T} \tag{3-5}$$

将式（3-4）代入式（3-5），就得到实际距离 ρ 与伪距 $\tilde{\rho}$ 之间的关系式

$$\rho = \rho + \delta_{\rho L} + \delta_{\rho T} - C \cdot V_a + C \cdot V_b \tag{3-6}$$

式（3-6）即为伪距测量的基本观测方法。

伪距测量的精度与测量信号（测距码）的波长及其与接收机复制码的对齐精度有关。目前，接收机的复制码精度一般取 1/100，而公开的 C/A 码码元宽度（即波长）为 293m，故上述伪距测量的精度最高仅能达到 3m（$293 \times 1/100 \approx 3m$），难以满足高精度测量定位工作的要求。

二、绝对定位

GPS 绝对定位又称单点定位，其优点是只需用一台接收机即可独立确定待求点的绝对坐标，且观测方便、速度快、数据处理也较简单。主要缺点是精度较低，目前仅能达到米级的定位精度。

在伪距测量的观测方程中，若卫星钟和接收机时钟改正数 V_a 和 V_b 已知，且电离层折射改正和对流层折射改正均可精确求得；那么，测定伪距 $\tilde{\rho}$ 就等于测定了站星之间的真正几何距离 ρ，而 ρ 与卫星坐标：（x_s，y_s，z_s）和接收机天线相位中心坐标（x，y，z）之间有如下关系：

$$\rho = [(x_s - x)^2 + (y_s - y)^2 + (z_s - z)^2]^{1/2} \tag{3-7}$$

卫星的瞬时坐标（x_s，y_s，z_s）可根据接收到的卫星导航电文求得，故在式（3-7）中仅有三个未知数，即待求点三维坐标：（x，y，z）。如果接收机同时对三颗卫星进行伪距测量，从理论上说，就可解算出接收机天线相位中心的位置。因此，GPS 单点定位的实质，就是空间距离后方交会，如图 3-1 所示。

GPS 接收天线
（测站）

图 3-1　GPS 单点定位示意图

实际上，在伪距测量观测方程中，由于卫星上配有高精度的原子钟，且信号发射瞬间的卫星钟差改正数 V_a 可由导航电文中给的有关时间信息求得。但用户接收机中仅

配备一般的石英钟，在接收信号的瞬间，接收机的钟差改正数不可能预先精确求得。因此，在伪距法定位中，把接收机钟差 V_b 也当作未知数，与待定点坐标在数据处理时一并求解。由此可见，在实际单点定位工作中，在一个观测站上为了实时求解四个未知数 x、y、z 和 V_b，便至少需要四个同步伪距观测值 ρ_i（$i = 1 \sim 4$）。也就是说，至少必须同时观测四颗卫星。

由（3-6）和（3-7）两式，可得伪距法绝对定位原理的数学模型

$$\left[(x_{si} - x)^2 + (y_{si} - y)^2 + (z_{si} - z)^2 \right]^{1/2} - C \cdot V_b$$

$$= \tilde{\rho}_i + (\delta_{\rho l})_i + (\delta_{\rho T})_i - C \cdot V_{ai}$$

(3-8)

其中 $i = 1，2，3，4，\cdots\cdots$

第二节　载波相位测量

载波相位测量顾名思义，是利用 GPS 卫星发射的载波为测距信号。由于，载波的波长（$\lambda_{L1} = 19\text{cm}$，$\lambda_{L2} = 24\text{cm}$）比测距码码元宽度要短得多，因此对载波进行相位测量，就可能得到较高的测量定位精度。

假设卫星 S 在 t_0 时刻发出一载波信号，其相位为 $\Phi(S)$。此时若接收机产生一个频率和初相位与卫星载波信号完全一致的基准信号，在 t_0 瞬间的相位为 $\Phi(R)$。假设这两个相位间相差 N_0 个整周信号和不足一周的相位 $Fr(\Phi)$，由此可求得 t_0 时刻接收机天线到卫星的距离为

$$\rho = \lambda \left[\Phi(R) - \Phi(S) \right] = \lambda \left[N_0 + F_r(\phi) \right]$$

(3-9)

载波信号是一个单纯的余弦波。在载波相位测量中，接收机无法判定所量测信号的整周数 N_0，但可精确测定其零数 $Fr(\phi)$，并且当接收机对空中飞行的卫星作连续观测时，接收机借助于内含多普勒频移计数器，可累计得到载波信号的整周变化数 $I_n t(\phi)$。因此，$\tilde{\phi} = I_n t(\phi) + F_r(\phi)$ 才是载波相位测量的真正观测值（图3-2）。而 N_0 称为整周模糊度，它是一个未知数，但只要观测是连续的，则各次观测的完整测量值中应含有相同的 N_0。也就是说，完整的载波相位观测值应为

$$\phi = N_0 + \tilde{\Phi} = N_0 + I_n t(\phi) + F_r(\phi)$$

(3-10)

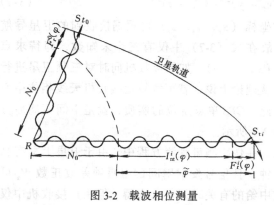

图 3-2　载波相位测量

如图 3-2 所示，在 t_0 时刻首次观测值中 $I_n t(\Phi) = 0$，不足整周的零数为 $F_r^o(\phi)$，N_0 是未知数；在 t_i 时刻 N_0 值不变，接收机实际观测值由信号 $\tilde{\phi}$ 整周变化数 $I_n t^i(\phi)$ 其零数 $F_r^i(\phi)$ 组成。

与伪距测量一样，考虑到卫星和接收机的钟差改正数 V_a、V_b 以及电离层折射改正 $\delta_{\rho L}$ 和对流层折射改正 $\delta_{\rho T}$ 的影响，可得到载波相位测量的基本观测方

程为

$$\tilde{\phi} = \frac{f}{C}(\rho - \delta_{\rho L} - \delta_{\rho T}) - f \cdot V_b + f \cdot V_a - N_0 \qquad (3-11)$$

式中 $\tilde{\phi} = I_n t\ (\phi) + F_r\ (\phi)$ 为实际观测值，若在等号两边同乘上载波波长 $\lambda = C/f$，并简单移项后，则有

$$\rho = \tilde{\rho} + \delta_{\rho L} + \delta_{\rho T} - C \cdot V_a + C \cdot V_b + \lambda \cdot N_0 \qquad (3-12)$$

将式（3-12）与式（3-6）两式比较可看出，载波相位测量观测方程中，除增加了整周未知数 N_0 外，与伪距测量的观测方程在形式上完全相同。

整周未知数 N_0 的确定是载波相位测量中特有的问题，也是进一步提高 GPS 定位精度、提高作业速度的关键所在。目前，确定整周未知数的方法主要有三种：伪距法、N_0 作为未知数参与平差法和三差法。伪距法就是在进行载波相位测量的同时，再进行伪距测量。由两种方法的观测方程可知，将未经过大气改正和钟差改正的伪距观测值 $\tilde{\rho}$ 减去载波相位实际观测值 $\tilde{\phi} = I_n t\ (\phi) + F_r\ (\phi)$ 与波长 λ 的乘积，便可得到 λN_0 值，从而求出整周未知数 N_0。N_0 作为未知数参与平差，就是将 N_0 作为未知参数，在测后数据处理和平差时与测站坐标一并求解。根据对 N_0 的处理方式不同，可分为"整数解"和"实数解"。三差法就是从观测方程中消去 N_0 的方法，又称多普勒法。因为，对于同一颗卫星来说，每个连续跟踪的观测中，均含有相同的 N_0。因而将不同观测历元的观测方程相减，即可消去整周未知数 N_0，从而直接解算出坐标参数。关于确定 N_0 的具体算法以及对整周跳变（由于种种原因引起的整周观测值的意外丢失现象）的探测和修复的具体方法，这里不再详述，请参阅有关书籍。

第三节 相 对 定 位

一、基本原理

相对定位是目前 GPS 测量中精度最高的一种定位方法，它广泛用于高精度测量工作中。在介绍绝对定位方法时已叙及，GPS 测量结果中不可避免地存在着种种误差；但这些误差对观测量的影响具有一定的相关性，所以利用这些观测量的不同线性组合进行相对定位，便可能有效地消除或减弱上述误差的影响，提高 GPS 定位的精度，同时消除了相关的多余参数，大大方便了 GPS 的整体平差工作。实践表明，以载波相位测量为基础，在中等长度的基线上对卫星连续观测 1~3 小时。其静态相对定位的精度可达 $10^{-6} \sim 10^{-7}$。

静态相对定位的最基本情况是用两台 GPS 接收机分别安置在基线的两端固定不动，同步观测相同的 GPS 卫星，以确定基线端点在 WGS-84 坐标系中的相对位置或基线向量，如图 3-3 所示。由于在测量过程中，通过重复观测取得了充分的多余观测数据，从而改善了 GPS 定位的精度。

考虑到 GPS 定位时的误差来源，当前普遍采用的观测量线性组合方法称之为差分法。其具体形式有三种：单差法、双差法和三差法。现分述如下：

（一）单差法

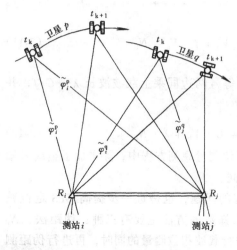

图 3-3　静态相对定位

所谓单差，即不同观测站（测站 i 和 j）同步观测相同卫星 P 所得到的观测量之差，也就是在两台接收机之间求一次差。它是 GPS 相对定位中观测量组合的最基本形式，具体表达式可简写为（图 3-3）

$$\Delta\Phi_{ij}{}^{p} = \Delta\tilde\Phi_{j}{}^{p} - \Delta\tilde\Phi_{i}{}^{p} \qquad (3-13)$$

单差法并不能提高 GPS 绝对定位的精度，但由于基线长度与卫星高度相比，是一个微小量，因而两测站的大气折光影响和卫星星历误差的影响，具有良好的相关性。因此，当求一次差时，必然削弱了这些误差的影响；同时，消除了卫星钟的误差（因两台接收机在同一时刻接收同一颗卫星的信号，则卫星钟差改正数 V_a 相等）。由此可见，单差法只能有效地提高相对定位的精度，其求算结果应为两测站点间坐标差，或称基线向量。

（二）双差法

双差是在不同测站上同步观测一组卫星所得到的单差之差，即在接收机和卫星间求二次差。

仍以图 3-3 为例，在 k 时刻测站 i 和 j 两台接收机同时观测卫星 p 和 q；对于卫星同样可得形同式（3-13）的单差观测方程，两式相减得出双差法模型表达式

$$\Delta\Phi_{ij}{}^{pq} = \Delta\Phi_{ij}{}^{q} - \Delta\Phi_{ij}{}^{p} \qquad (3-14)$$

前已叙及，在单差模型中仍包含有接收机时钟误差，其钟差改正数仍是一个未知量。但是由于进行连续的相关观测，求二次差后，便可有效地消除两测站接收机的相对钟差改正数，这是双差模型的主要优点；同时也大大地减小了其他误差的影响。因此，在 GPS 相对定位中，广泛采用双差法进行平差计算和数据处理。

（三）三差法

三差法就是于不同历元（ t_k 和 t_{k+1}）同步观测同一组卫星所得观测量的双差之差，即在接收机、卫星和历元间求三次差，表达式为

$$\Delta\Phi_{ij}{}^{pq}(t_k, t_{k+1}) = \Delta\Phi_{ij}{}^{pq}(t_{k+1}) - \Delta\Phi_{ij}{}^{pq}(t_k) \qquad (3-15)$$

引入三差法的目的，就在于解决前两种方法中存在的整周未知数 N_0 和整周跳变待定的问题（前已叙及），这是三差法的主要优点。但由于三差模型中未知参数的数目较少，则独立的观测量方程的数目也明显减少，这对未知数的解算将会产生不良的影响，使其精度降低。正是由于这个原因，通常将消除了整周未知数的三差法结果，仅用作前两种方法的初次解（近似值），而在实际工作中采用双差法结果更为适宜。

二、作业模式

所谓 GPS 相对定位的作业模式，即利用 GPS 接收机确定观测站之间相对位置所采用的作业方式。它与接收设备的硬件和软件有关。同时，不同的作业模式因作业方法、观测时间和应用范围的不同而有所差异。目前，已广泛应用于大地测量和各种工程测量中。

相对定位至少需用两台接收机分别架在不同的站点上做同步观测，经过一至两个时段的数据采集之后，用随机基线处理软件，解算出基线向量。观测时段的长短取决于不同的作业模式。GPS 相对定位分静态、快速静态、准动态、动态等几种作业模式，其共同点是必须经测后处理才能求解基线向量结果。随着 GPS 技术的发展，一种方便快捷的新作业模式——实时动态测量（RTK）已进入实用阶段。本节将介绍各种作业模式的特点及其适用范围。

（一）静态定位的作业模式

1．作业方法

静态作业模式一般均采用载波相位观测值为基本观测量。作业时要求采用两台或两台以上接收机分别安置在不同的测站上，对卫星进行同步观测时间 60～120min。当基线长度超过 100km 时，观测时间还需适当延长。

静态作业模式之所以要观测较长时间，主要原因是让站星几何图形有较大的变化，以便正确地确定整周未知数。

2．布网特点

静态作业模式的布网，要求全网构成某种封闭图形（图 3-4），具有一定数量的同步环和异步环；具有一定比例的重复基线数，对每个点的平均设站率以及网的可靠性指标均有一定的要求。其目的是便于观测成果的检核，提高成果的可靠性和 GPS 网平差后的精度。

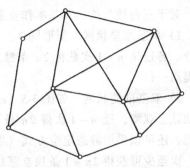

图 3-4　静态相对定位

3．定位精度

基线的相对定位精度可达 $5m + D \times 10^{-6}$，D 为基线长度。

4．适用范围

（1）建立全球性或国家级大地控制网；

（2）建立地壳运动或工程变形监测网；

（3）建立长距离检校基线；

（4）进行岛屿与大陆联测；

（5）钻井精密定位。

（二）快速静态定位模式

1．作业方法

快速静态作业模式与静态作业模式基本相同，由于采用了一种快速模糊度解算法 FARA（Fast Ambiguty Resolution Approach），使得在进行短基线定位时，只需设站观测几分钟到几十分钟便可解算出整周未知数 N，使得作业效率大为提高。采用双频接收机观测时效果更好。

作业时，一般在测区中部选择一个基准站，并安置一台接收机连续跟踪所有可见卫星；另一台接收机依次到各点流动设站，每个流动站上双频机观测时间为 1～2min，单频机观测时间为 15～20min。

2．布网特点

为了充分发挥快速静态定位作业速度快、效率高的特点，它的布网要求与静态布网有较大差别。另外，由于快速静态定位观测时间短，受各种条件环境的限制，难以避免可能存在某些系统误差和粗差，因而在布网时要尽可能构成闭合图形检核条件。下面介绍几种基本作业图形。

（1）两台仪器作业的基本图形

对于两台接收机，其基本作业图形有以下两种形式：

1）多边形环状网　如图 3-5（a）所示：两台接收机同步作业，交替迁站 $n-1$ 次，构成首尾相接的 n 边形闭合环，产生 n 条独立基线向量。

2）单基准星状网　如图 3-5（b）所示：两台接收机同步作业，其中一台固定不动，连续接收卫星信号，另一台接收机观测几分钟至几十分钟，快速流动迁站 $n-1$ 次，同样得到 n 条辐射状独立基线向量。接收机在流动站之间流动迁站，迁站 $n-1$ 次同样得到 n 条辐射状独立基线向量。接收机在流动站之间迁站时，不必保持对所测卫星的连续跟踪。

（2）三台仪器作业的基本图形

对于三台接收机，其基本作业图形有以下两种形式：

1）单基准星状网　图形同 3-5（b）所示：一台接收机固定不动，另两台接收机流动作业，各迁站 $n-1$ 次获得 $2n$ 条独立基线。这一图形的作业效率可比两台仪器的同一图形提高一倍。

2）双基准菱状网　如图 3-5（c）所示：两台接收机固定不动，另一台接收机依次在流动站上观测，迁 $n-1$ 次得 $2n$ 条独立基线向量。同时，由于两基准站上是连续长时间观测，还可以采用静态定位方式（当基线长到不能进行快速定位时），所以实际上这种图形一次至少可获得 $2n+1$ 条独立基线向量。

（3）四台仪器作业的基本图形

对于四台接收机，其基本作业图形有以下三种形式：

1）双基准菱状网　图形同 3-5（c）所示：只不过在基准站之间同时有两台接收机作流动观测，但两台流动站之间由于各自独立流动而往往不能形成同步观测，故不存在基线向量。设一个图形为一个观测期，则每台接收机迁站 $n-1$ 次至少可得 $4n+1$ 条基线向量，因而其单一图形的效率较三台仪器提高将近一倍。

2）双基准鱼状网　如图 3-5（d）所示：实际上是双基准菱状网和单基准星状网的组合。两个固定站作为基准。一台接收机在两固定站间流动 $n-1$ 次，另一台接收机在两固定站形成的基准之外流动，由于第二台接收机离其中一个固定站的距离较远以致不能进行快速定位，因而形成鱼状网。这种网一期观测至少产生 $3n+1$ 条独立基线。

3）双基准星状网　如图 3-5（e）所示：四台接收机分成两组，每组两台仪器，按单基准星状网作业，两基准之间可能形成较长的基线向量，两组各个星状网之间的流动站由于距离过长而不能产生快速定位基线。这种图形一次产生 $2n+1$ 条基线，其中一条是长基准基线。

3．定位精度

流动站相对于基准站的基线中误差可达 $5mm + D \times 10^{-6}$。

4．适用范围

（1）控制测量及其加密；

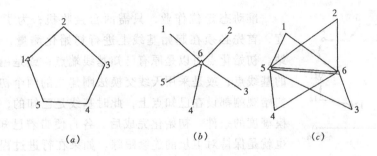

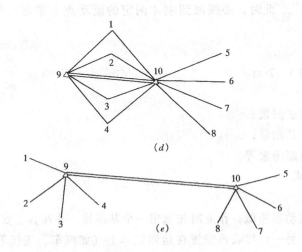

图 3-5 快速静态定位

（2）工程测量、边界测量；

（3）地籍测量及碎部测量。

（三）准动态定位模式

1. 作业方法

在测区选择一已知点作为基准站，并在其上安置一台接收机连续跟踪所有可见卫星，置另一台流动的接收机于已知的起始点上（图 3-6 中的 1 号点）与基准站同步观测 1～2min（称作初始化），然后在保持对所测卫星连续跟踪的情况下，流动接收机依次迁到 2，3，……号待测点各观测 2min 左右。

近期生产的新一代 GPS 接收机的准动态作业方法得到了简化，例如，Ashtech 推出的 Locus 单频接收机提供了一块长 20cm 的初始化板，测量时仅需用初始化板连接基准站和流动站接收机，在已知点上同步观测 5min 就可以完成初始化。

该作业模式要求：在观测时段上必须有 5 颗以上卫星可供观测，流动点与基准点相距应不超过 15km。

这一定位方法在形式上与下面介绍的动态定位法相似，所不同的是在每一流动测站上仍需静止地观测，只是停留的时间很短，所以称之为准动态定位。有些文献也称为"停行动态定位法"（Stop and go kinematic surveying）。

2. 作业特点

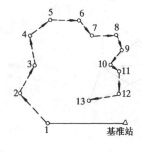

图 3-6　准动态定位模式

准动态定位作业，只需两台接收机；为了求解整周模糊度，首先必须在起始基线上进行初始化测量，然后再流动设站。初始化点可以是原有已知基线端点；或是用静态法刚施测的基线点；或是采用天线交换法刚建立的两个初始化点。因为初始观测都设在已知点上，此时基线是已知的，故已具备反算模糊度的条件。初始化完成后，各自便带着已知的 N 在工作，也就是保持对卫星的连续跟踪。如果在行进过程中偶尔遇到空中遮挡，就会丢失卫星，也就丢失了已知的 N（称为失锁）。此时，必须回到刚才测定的流动点上重新初始化才能继续作业。

3．定位精度

基线的中误差可达 1～2cm。

4．应用范围

（1）开阔地区的加密测量；

（2）工程定位及碎部测量；

（3）剖面测量和线路测量等。

（四）动态定位模式

1．作业方法

动态定位模式与准动态相似，作业时先选定一个基准站，并在其上安置一台接收机连续跟踪所有可见卫星；另一台接收机安置在运动载体上（如汽车、飞机等），在出发点按快速静态相对定位法，静止观测 1～2min；然后从出发点开始流动，按设定的采样间隔进行数据采集。

该作业模式要求：同步观测 5 颗卫星，其中至少有 4 颗应保持连续跟踪；同时，流动点与基准点的距离应不超过 15km。

2．作业特点

由于流动接收机安置在载体上，所以速度快、精度高，可实现载体的连续定位，测定载体运动轨迹。载体运动时，空中不能有遮挡，否则一旦失锁观测即失败。

3．定位精度

流动点相对于基准点的定位精度可达 1～2cm。

4．应用范围

（1）精密测定载体的运动轨迹；

（2）道路中心测量；

（3）航道测量；

（4）开阔地区的剖面测量等。

（五）实时动态定位模式

以上各种作业模式，都必须将观测数据传输到计算机上才能解算，对需在现场及时提供测点坐标的场合就不方便了。倘若利用现代化无线电通信技术随时将基准站的观测数据传送给流动站，再加上快速解算模糊度的技术，便产生了一种新的 GPS 作业模式——实时动态测量 RTK（Real time Kinematic Survey）。

实时动态测量有测码伪距差分与测相实时差分两种。前者精度在米量级到分米量级之间，后者可达厘米级。这里主要介绍动态载波相位实时差分测量（图 3-7）。

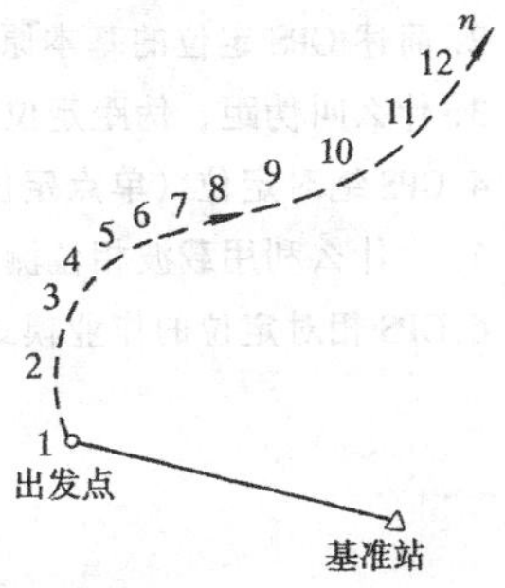

1．主要设备

基准站：GPS 天线、接收机、数据通信发射电台、发射天线、电源电缆线等。

流动站：GPS 天线、接收机、数据通信接收台、电子手簿、电源电缆线等。

基准站数据—调制—发射—接收—流动接收机—解调—电子手簿，构成一条无线数据链。基准站接收机随时将观测数据通过数据链传送给流动站，与流动站接收机的观测数据汇集于电子手簿，并实时地提供测点坐标。

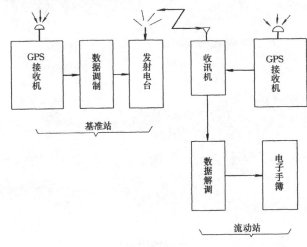

图 3-7　动态定位

2．作业方法

选择一已知控制点作为基准站，并在其上安置一台接收机连续观测所有可见卫星，经数据调制，通过无线电发射电台发送出去。

图 3-8　实时动态定位作业结构框图

3．特点

实时动态定位的主要特点体现在：能够实时提供待定点的地方坐标，其坐标转换方法采用七参数模型，所以作业前需至少联测三个分布较均匀的已知点，最好分布在测区四周。作业时选择其一为基准站。地方坐标系可以是国家坐标系，也可以是用户自定的坐标系。计算在高斯投影平面上进行，以投影平面上的坐标形式输出。高程问题仍然用提供足够数量的水准联测点，以数学拟合的方法求得正常高程。

实时性问题主要取决于数据通信技术，必须保证快速正确地实现数据传输，具体涉及到传输设备、误码率、传输速率、基线站与流动站数据流的匹配以及传输覆盖范围等。

4．应用前景

实时动态定位是载波相位测量、差分处理技术、整周未知数快速求解技术以及无线电数据通信技术的高度融合，使 GPS 在测地应用上，在精度、速度、实时性三方面达到了圆满的结合。在 cm 级精度要求的普通测量中已大显身手。前面介绍的 GPS 其他各种测量模式，都有被 RTK 取代的趋势。当然，高精度测量目前仍然摆脱不了静态测量的模式。

思　考　题

1．根据用户接收机天线在测量中所处的状态来分类，GPS 定位的方法如何分类？

2. 简述 GPS 定位的基本原理。

3. 什么叫伪距、伪距定位法？

4. GPS 绝对定位（单点定位）的实质是什么？

5. 为什么利用载波相位测量进行 GPS 定位可以得到较高的测量定位精度？

6. GPS 相对定位的作业模式有哪些？

第四章　GPS 测量设计与数据采集

GPS 定位测量的高精度、高效率和低成本是以科学的技术设计和作业管理为基础的，这包括制定严格科学的 GPS 测量规范、切实可行的布网观测方案和采取确保观测数据质量的数据采集步骤等。

与常规测量相类似，GPS 作业过程也可划分为方案设计、数据采集和数据处理三个阶段。方案设计阶段主要是根据测量任务的性质和技术要求制订技术设计书，进行踏勘、选点，在此基础上制订优化的布网设计方案；数据采集阶段即用 GPS 接收机野外采集数据阶段，主要是根据布网观测方案进行作业调度和后勤管理，取得 GPS 观测数据和有关数据如气象、偏心元素等。数据处理阶段主要是观测数据和其他资料的计算、检验、整理和上交，若检验不合格则作出重测、补测或淘汰部分结果的决定。

本章主要介绍 GPS 测量的技术设计及外业数据采集，数据处理的详细内容将在第五章和第六章分别介绍。考虑到以载波相位测量为依据的相对定位法是当前 GPS 测量中普遍采用的精密定位方法，所以本章主要讨论局域性城市与工程 GPS 控制网建立的工作程序和方法。

第一节　GPS 测量作业的依据

GPS 布网设计与数据采集的技术依据主要是 GPS 测量规范和测量任务书。二者同时也是数据处理等后续工作的技术依据。

一、测量任务书

测量任务书是测量施工单位上级主管部门下达的技术文件。这种技术文件是指令性的，它规定了测量任务的范围和目的，精度和密度的要求，完成任务并上交成果资料的项目和时间安排以及完成任务的经济指标等。测量生产任务的合同书也具有测量任务书类似的作用。

二、GPS 测量规范

GPS 测量规范是国家测绘管理部门或行业部门制定的技术法规。目前，使用的 GPS 测量规范主要有：①2001 年国家测绘局颁布实施的《全球定位系统（GPS）测量规范》（修订版），以下简称《规范》。它规定了利用 GPS 按静态相对定位原理、建立测量控制网的原则、精度和作业技术方法，适用于国家和局部地区 GPS 控制网的布测。②1998 年建设部发布的行业标准《全球定位系统城市测量技术规程》，以下简称《规程》。除此以外还有各部委根据本部门 GPS 工作的实际情况制定的其他 GPS 测量规程或细则。

各规范一般包括以下几方面的内容。

（一）GPS 网精度等级的划分

GPS 网的精度等级主要取决于网的用途。用于地壳形变及国家基本大地测量的 GPS 网可参照《规范》中 A、B 级的精度分级，见表 4-1（1）；用于城市或工程的 GPS 控制网可根据相邻点的平均距离和精度参照《规程》中的二、三、四等和一、二级，见表 4-1（2）。

GPS 测量精度分级（一）　　　　　　　　　　　　　　　　　　表 4-1（1）

级　别	主　要　用　途	固定误差 a（mm）	比例误差 b（$D \times 10^{-6}$）
A	地壳形变测量或国家高精度 GPS 网建立	≤5	≤0.1
B	国家基本控制测量	≤8	≤1

GPS 测量精度分级（二）　　　　　　　　　　　　　　　　　　表 4-1（2）

等　　级	平均距离（km）	a（mm）	b（$D \times 10^{-6}$）	最弱边相对中误差
二	9	≤10	≤2	1/12 万
三	5	≤10	≤5	1/8 万
四	2	≤10	≤10	1/4.5 万
一级	1	≤10	≤10	1/2 万
二级	<1	≤15	≤20	1/1 万

注：当边长小于 200m 时，边长中误差应小于 20mm。

（二）GPS 网形设计

根据测量任务书提出的 GPS 网的精度、密度和经济指标确定具体的布网观测方案。例如各点间的连接方法，各点设站观测的次数，时段的长度等见表 4-2。

GPS 测量各等级作业的基本技术要求　　　　　　　　　　　　表 4-2

项目 ＼ 等级 ＼ 观测方法	二　等	三　等	四　等	一级	二级
卫星高度角（°）　静　态	≥15	≥15	≥15	≥15	≥15
快速静态	—	≥15	≥15	≥15	≥15
有效观测卫星数　静　态	≥4	≥4	≥4	≥4	≥4
快速静态	—	≥5	≥5	≥5	≥5
平均重复设站数　静　态	≥2	≥2	≥1.6	≥1.6	≥1.6
快速静态	—	≥2	≥1.6	≥1.6	≥1.6
时段长度（min）　静　态	≥90	≥60	≥45	≥45	≥45
快速静态	—	≥20	≥15	≥15	≥15
数据采样间隔（s）　静　态	10～60	10～60	10～60	10～60	10～60
快速静态	10～60	10～60	10～60	10～60	10～60
GDOP（PDOP）　静　态	≤6	≤6	≤6	≤6	≤6
快速静态	≤6	≤6	≤6	≤6	≤6

注：当采用双频机进行快速静态观测时，时段长度可缩短为 10 min。

（三）选点和埋石

与常规测量类似，GPS 测量同样要求进行踏勘、选点和埋石工作。在选定点位后按要求埋设标石。踏勘选点的最主要原则是既满足网点密度分布要求又使所选点位环境适合于 GPS 观测。

（四）仪器设备

根据网的等级和精度要求确定选用接收机的类型（单频或双频）、接收机的数量及是否需要气象观测设施等。

（五）外业观测

外业观测包括观测的基本技术要求（表 4-2）、观测计划的制定、天线的安置方法，有利观测时间段的选定，地面气象数据采集与否，如何采集，外业观测手簿的填写等。

（六）数据处理

对数据处理方法和软件的特性、精度，采用何种精度水平的星历（精密星历或广播星历），基线处理结果的检验，GPS 网的平差处理等提出要求。

（七）测量成果与技术报告的归档上交

要求提供规范化的测量成果表，内、外业各项资料的说明和数据处理技术报告等。

第二节 GPS 网的技术设计

一、概述

GPS 测量的技术设计是实施 GPS 测量的一项基础性的工作，也是高质量低消耗完成 GPS 测量外业的关键。它主要依据国家有关规范（规程）及 GPS 网的用途、用户的要求，针对 GPS 网的网形、精度及基准等而进行的具体设计。

GPS 外业所涉及的面很广，因而技术设计是一个复杂的技术管理问题，圆满地解决这个问题，需要许多本学科以外的知识，大致有如下一些项目应加以考虑：

（一）同测站有关的一些因素

1．网点密度；

2．布网方案；

3．选择合适的站址；

4．时段分配、重复设站和重合点的设计。

（二）同观测对象（卫星）有关的一些因素

1．观测卫星数；

2．卫星信号质量；

3．图形强度因子；

4．卫星高度角；

5．星历来源。

（三）同仪器有关的一些因素

1．接收机　用于精密相对定位至少需两台接收机；

2．天线　如果天线的设计质量和稳定性欠佳，会带来一系列定位误差，应提供有关检定资料；

3．记录设备；

4．气象仪表。

（四）后勤方面的因素

后勤方面的因素包括测量中将动用多少台接收机，它们的来源和使用时间，测区内各时段、机组的调度、交通工具和通讯设备的配备。

本节主要讨论 GPS 网布设的技术特色，进而阐述 GPS 网的布设原则和要求。

二、GPS 网布设的技术特色

GPS 测量是采用相对定位方法，即若干台接收机进行同步观测，确定各点之间的相对位置。

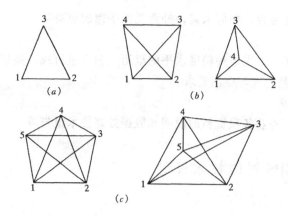

图 4-1 几种同步图形

(a) 三台接收机；(b) 四台接收机；(c) 五台接收机

所谓同步观测，指的是若干台（至少两台）GPS 接收机同时在相同的时间段内连续跟踪观测相同的卫星组。我们把同步观测时间段称为时段；同一时段内各 GPS 接收机组成的图形称为同步图形。

若干台接收机同步观测一时段便有如图 4-1 所示的各类同步图形。

由此可知，m 台接收机组成的同步图形中总共含有基线总数 b_s 为

$$b_s = C_m^2 = \frac{1}{2} m(m-1)$$

当两两配对解算完同步图形中全部基线后，不难看出，其中只有 $m-1$ 条独立基线，其余基线可以由独立基线推算而得，称之为非独立基线。

当有三台或三台以上 GPS 接收机同步观测构成各类同步图形时，将直接解算的基线结果与由独立基线推算得到的结果进行比较，就产生了所谓坐标闭合差条件。例如：

有 1 个三角形闭合条件

有 4 个三角形和 1 个四边形闭合条件

有 10 个三角形、4 个四边形和 1 个五边形闭合条件

上述同步图形的闭合条件不难推广到非同步图形（又称异步图形）的情形，即用不同时段的基线联合推算某一基线，将推算结果与直接解算结果比较便得异步图形坐标闭合差条件。当某条基线进行了两个以上的时段观测时，就产生了所谓复测基线坐标闭合差条件。以上未做平差处理的坐标闭合差，可以用来评价 GPS 网的数据质量优劣。

常规测量中控制网的图形设计是一项非常重要的工作。而在 GPS 测量时，由于各点之间的同步观测不要求通视，也不强求站间距离，因而 GPS 布网设计具有较大的灵活性，兼顾 GPS 同步观测这一特点，使得 GPS 布网设计具有以下技术特色：

1．GPS 网的扩展和延伸是通过同步图形之间的连接进行的；当采用不同的连接方法时，网形结构随之会有不同的形状。

2．一个测区内网中各等级点可一并考虑进行统一设计，只不过不同等级点的观测时间长度，点与点之间的连接方法根据要求不同而有所差异。

3．设计完成的 GPS 网中，应尽可能包含多种闭合条件，以保证有较高的内精度和可靠性。

4．某一同步图形观测完成后可立即进行基线解算，若解算结果不甚理想（可能是整个同步图形不理想或若干基线结果不理想）时，可随时灵活地更改布网方案，而并非一定拘泥于固定网形，从而在人力、经费上有所节省。

三、GPS 网布设的基本方法

GPS 网布设的总原则是着眼整个测区,固定全网结构;用网环路和子环路构成封闭式的 GPS 网,及时评定 GPS 数据质量。所谓网环路,就是一个能够覆盖整个测区的闭合环;子环路则是一种分割网环路的区域性闭合环。环路设计的作用:既便于及时计算同步环路和异步环路的坐标闭合差,有利于剔除 GPS 数据的粗差,又便于及时发现数据采集过程中的问题,改进施测方案,确保网形设计的顺利实施。因此,GPS 网布设的问题就是怎样将各同步图形有机地连接成一个整体,构成一定数量的同步观测环和异步观测环(三角形或闭合图形),也可采用线路形式,以较好地满足精度、可靠性、经费和后勤等限制条件。

(一) 同步图形的连接方式

根据以上布网原则,GPS 网的布设通常有三种基本方式:点连式、边连式和混合式。

1. 点连式

所谓点连式布网方法,就是相邻同步图形之间仅有一个公共点连接。它是 GPS 同步图形扩展延伸最快捷的一种方式,也是同步图形最简单的连接方式。

设有 6 个控制点,采用 3 台接收机观测,点连接方式如图 4-2 所示;主要特征值见表 4-3 统计。

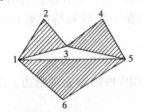

图 4-2 点连接方式

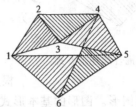

图 4-3 边连接方式

显然,以这种方式布网,所构成的图形几何强度比较薄弱,只有少量的非同步图形闭合条件,甚至还没有。因此需要加强网的几何强度,提高可靠性指标。在原同步图形基础之上加测几个时段,即可得到改善的布网方案。

2. 边连式

所谓边连式布网方法,是指相邻同步图形之间有两个公共点。也就是同步图形采用一条公共基线进行连接。

仍以 6 个控制点,3 台接收机观测为例,采用边连式布网如图 4-3 所示;主要特征值见表 4-3 统计。

三种连接方式主要特征值统计表 表 4-3

项　　目	点连接方式	边连接方式	混合连接方式	项　　目	点连接方式	边连接方式	混合连接方式
总点数	6	6	6	重复基线向量数	0	4	2
同步图形个数	3	5	4	非同步图形个数	1	1	1
总基线向量数	9	15	12	一次设站数	3	0	0
独立基线向量数	6	10	8	二次设站数	3	3	6
必要基线向量数	5	5	5	三次设站数	0	3	0
多余基线向量数	1	5	3	总体可靠性指标	0.17	0.50	0.38

注:总体可靠性指标 η = 多余基线数/独立基线数。

比较边连式和点连式布网方法,可以看出采用边连式布网方法有较多的非同步图形闭合条件，且有大量的复测边存在。也就是说，采用边连式布网方法布设的 GPS 网其几何图形强度高，也具有较高的可靠性指标。显然工作量也随之增加。

顺便指出，当所有同步图形之间全部以公共边方式连接时，这时的边连接方式已经使同步图形之间构成了全面网的形式。因此，有的文献上称之为网连式布网。容易理解，这种布网方法，其几何强度和可靠性指标是相当高的，但所需要的观测时间以及经费等也相应较多。因此，在实际作业中应寻求既能满足精度和可靠性要求又具有较高经济指标的布网设计方法。

3. 混合式

所谓混合式布网方法，是指把点连式与边连式有机地结合起来，组成 GPS 网，既能保证网几何强度，提高网的可靠性指标，又能减少外业工作量，降低成本，是一种较为理想的布网方法。

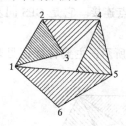

同样以 6 个控制点，3 台接收机观测为例，采用混合式布网如图 4-4 所示；主要特征值见表 4-3 统计。

应当指出，不管采用哪一种布网方法，其所构成的网形都有多种形式，各种方法之间的界限也并非非常清晰。实用上采用哪种方法取决于所具有的接收机数量、经费和精度要求等诸多因素。

图 4-4　混合式连接方式

（二）基本图形的选择

根据 GPS 测量的不同用途，GPS 网的独立观测边，应构成一定的几何图形。图形的基本形式如下：

1. 三角形网

GPS 网中的三角形边由独立观测边组成，如图 4-5 所示。根据经典测量的经验可知，这种网形的优点是，几何结构强，具有良好的自检能力，能够有效地发现观测成果中的粗差，以保障网的可靠性，而且经平差后网中相邻点间基线向量的精度分布均匀。这种网形的缺点是，观测工作量大，尤其是当接收机数量较少时，将使观测工作的总时间大为延长。因此，只有当网的精度和可靠性要求较高时，才单独采用这种网形。

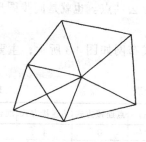

图 4-5　三角形网

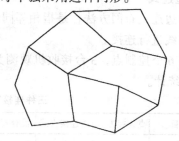

图 4-6　环形网

2. 环形网

由若干个含有多条独立观测边的闭合环所组成的网，称为环形网，如图 4-6 所示。这种网形与经典测量中的导线网相似，其网形的结构强度不如三角网。不难理解，由于这时网的自检能力和可靠性，与闭合环中所含基线边的数量有关。所以，《规程》中根据网的不同精度要求，规定了异步环中所含的基线边数，不得超过一定的数值，见表 4-4。

等　级	二　等	三　等	四　等	一　级	二　级
边　数	≤6	≤8	≤10	≤10	≤10

环形网的优点是观测工作量较小，且具有较好的自检性和可靠性；其缺点是网中非直接观测的基线边（间接边）精度较直接观测边低，相邻点间的基线精度分布不均匀。

作为环形网的特例，在实际工作中还可按照网的用途和实际情况，采用附合线路形式。这种附合线路与经典测量中的附合导线相类似。采用这种图形的条件是，附合线路两端点间的已知基线向量，必须具有较高的精度；另外，附合线路所包含的基线边数，也不能超过表 4-4 的规定。

三角形网和环形网是大地测量和精密工程测量中普遍采用的两种基本网形。通常根据情况往往采用上述两种图形的混合网形。

3．星形网

星形网是一种最简单的网形，如图 4-7 所示。由于它的直接观测边一般不构成闭合图形，所以其检验和发现粗差的能力差。

星形网的主要优点是观测中通常只需两台接收机，作业简单。因此，在快速静态定位和准动态定位等作业模式中，大都采用这种网形。它被广泛地应用于工程放样、勘界测量、地籍测量和碎部测量中。

图 4-7　星形网

四、GPS 技术用于扩展、加密或加强地面网的设计问题

在大多数情况下，GPS 定位技术用来扩建改建或加密原有的地面测量控制网，这就必须考虑 GPS 网与原有地面网的联接问题。有时候，也同时利用 GPS 技术与常规测量技术测建一个新网，这时应考虑 GPS 网与常规地面网的联测问题。这种联接或联测问题具体体现在 GPS 点与常规地面点的重合点设计上。

（一）重合点的精度要求

重合点作为连接 GPS 网与地面网的纽带，其主要作用是作为 GPS 成果转化到地面坐标系的基准，即以重合点的地面坐标作为将 GPS 成果转换至地面网坐标系中的起算数据。显然，这就要求重合点的地面坐标（高程）具有较高的精度。

为此，重合点应是下列几种点之一：

1．测区内现有的最高等级的地面控制点；

2．作为地方控制网定位、定向的起算点；

3．联接地方控制网和国家控制网的控制点；

4．水准点　用于将 GPS 测量求得的大地高转换为正高。

例如，若要求 GPS 网成果转换归化至地面网坐标系中具有Ⅱ等精度，则作为起算点的地面坐标至少应具有Ⅱ等以上的精度。

（二）重合点的分布和密度的问题

联接 GPS 网与地面网的最少重合点是两个，其中一个作为 GPS 网在地面网坐标系中的定位起算点，这两个点间的方位和长度作为 GPS 网在地面坐标系内的定向、尺度的起算数据。

显然，为了较好地解决 GPS 网成果与地面网成果的互相转换问题，应有更多个重合点。根据国内外的研究和实践表明，一个 GPS 网应联测精度较高、均匀分布的 3～5 个常规平面控制点和 6～10 个水准点。当测区较大时，还应适当增加若干个地面控制点。现有的商业化平差软件能够将网内已有的方向、距离、方位角、垂直角、天顶距、水平角、高程和高差等常规大地测量成果，与 GPS 成果一道进行联合平差，以获得更为精确的点位实用坐标。

尤其值得指出的是，当测区内地形复杂，则对高程控制点的数量和分布的需求较高。这是由于 GPS 所测高程为大地高，需要详细的测区内大地水准面的情况才能有效地解决 GPS 大地高向海拔高转化的问题。

在 GPS 的布网设计中，通常还需进行检核基线的设计，即在 GPS 网中布设一定数量的高精度电磁波测距边，要求较为均匀的分布于全网，宜选在 GPS 网的最弱部位。这是由于 GPS 卫星广播星历误差和美国政府 SA 技术的影响，GPS 相对定位结果往往具有一定的尺度系统误差。通过加测检核基线，比较两种方法测量的边长：其一，可以确定 GPS 网的尺度比，进而进行有效地控制；其二，可以分析 GPS 网的精度状况，检核 GPS 网的外部质量。

布网设计结束，应对 GPS 网图形结构设计的主要特征值进行统计，参照表 4-3 进行。

第三节　选点与埋石

一、选点工作

由于 GPS 测量测站之间无需相互通视，而且网的图形结构也比较灵活，所以选点工作远较常规控制测量的选点工作简便。但由于点位的选择对于保证观测工作的顺利进行和可靠地保持测量结果具有重要意义，所以在选点工作开始之前，应踏勘测区，充分收集和了解有关测区的地理情况以及原有测量控制点的分布及保持情况，以便确定适宜的测站位置。

（一）选点原则

1.GPS 点应选在视野开阔的地点。城市内可优先考虑在公园、停车场、稳固的建筑物楼顶和高地，所选点应有利于同其他测量手段的扩展和联测。

2.GPS 点应选在交通方便的地方，以充分发挥快速定位技术的效率。

3.GPS 点视场不应有地平高度角大于 15°的成片障碍物，以免影响卫星信号接收。对于起算点上的钢标在施测中应卸去顶部。

4.GPS 点应远离大功率的无线电发射台和高压输电线，以避免其周围磁场对 GPS 卫星信号的干扰。接收机天线与其距离一般不得小于 200m。

5.GPS 点附近不应有大面积的水域或对电磁波反射（或吸收）强烈的物体，以减弱多路径的影响。

6.对于基线较长的 GPS 网，还应考虑测站附近是否具有良好的通讯设施和电力供应，以供测站之间的联络和设备用电。

7.考虑到今后用常规方法进一步加密时的需要，一般要求每个测站应和两个或两个以上的 GPS 点保持通视（不一定是相邻点），困难地区至少应和一个点保持通视。

（二）选点工作

1.标定点位

经现场踏勘后，确认拟选点符合各项选点原则，则应及时用大木桩或其他方式将点位加以标定，树立红白测旗，以便埋石及观测人员能迅速找到点位。

2. 编制测站环视图

选点时将测站地平高度角大于10°的主要障碍物一一标出，以便作业调度时顾及障碍物对卫星信号的影响。

3. 填写点之记录

选定的 GPS 网点需按规定填写点之记录主要内容应包括点位及点位略图、点位的交通情况以及选点情况等。

选点工作结束后应提交的技术资料主要包括：点之记录及点的环视图；GPS 网选点图；选点工作技术总结。

二、埋设标石

中心标石的作用是将 GPS 测量成果与实地点位的关系长期保存起来，以便今后的使用和复测。因此，埋石点必须牢固，尤其是为研究地球动力学现象和工程变形而建立的各种监视网、卫星跟踪网以及大范围高精度 GPS 网。对于不需要永久保存的 GPS 点可设置简易标志。

标石类型　　　　表 4-5

类　别	形　式	适用类级
基岩标石	基岩天线墩	A
基本标石	一般基本标石 土层天线墩 岩层天线墩 冻土基本标石 沙漠基本标石	A 或 B
普通标石	一般标石 岩层标石	B ~ E

（一）标石类型

标志的类型，视网点的等级而异，见表 4-5。同一级网点也要因地制宜，选择合适的类型。

（二）标石的埋设

埋石工作可与选点同时进行，也可在选点告一段落后进行。及时完成选埋工作，以利于后续工作的开展。

第四节　GPS 数据采集

所谓数据采集，就是通常所说的外业测量工作。外业采集所得的数据是内业阶段进行数据处理的重要依据。为了尽可能地提高 GPS 定位的精度，除了数据处理中，必须深入研究并合理选择数学模型，减弱各种系统误差外，严格遵循操作规程，也将大大有利于提高原始数据的质量，避免和减少观测值中粗差的成分。同时，测量工作者熟悉和掌握 GPS 作业的项目、步骤和原则，还将有利于提高外业工作的效率，减少人力、物力的消耗。

数据采集的内容主要包括：观测计划的拟定、仪器的选择与检验、观测工作的实施等。

一、观测计划的拟定

数据采集是 GPS 测量的核心工作。在数据采集工作开始之前，仔细地拟定观测计划，对于顺利地完成观测任务，保障成果的精度，提高效益是极为重要的。

拟定观测计划的依据主要为：GPS 网的规模大小，精度要求，GPS 卫星星座，参加作业的接收机数量以及后勤保障条件（运输、通讯）等。观测计划的主要内容应包括：GPS卫星的可见性图及最佳观测时间的选择，采用的接收机数量，观测区的划分和观测工作的进程及接收机的调度计划等。

（一）观测工作量的设计与计算

外业观测的工作量与用户的精度要求和采用的接收机数量等因素有关。GPS网观测工作量的设计，既要考虑观测工作的效率外，还必须保证网的可靠性。

假设参加作业的接收机数为 k，则每一时段可得观测向量数为

$$k(k-1)/2$$

式中 独立观测向量数为 $(k-1)$；多余观测向量数为 $(k-1)(k-2)/2$。

因为网的可靠性随多余观测数的增加而提高，所以，作业中适当增加接收机的数量，不仅会提高工作效率，同时也将明显地增加多余观测量，从而提高网的可靠性。

此外，为了有助于外业观测数据的检核，增加可靠性，通常根据不同的精度，要求同一 GPS 点重复设站的次数不得少于两次。

假设 n_p 为 GPS 网的点数，n_r 为重复设站次数，则所需的观测时段数为

$$n_p \times n_r / k$$

由此可得观测向量的总数为

$$\frac{n_p \times n_r}{k} \times \frac{k(k-1)}{2} = \frac{(k-1) \times n_p \times n_r}{2}$$

式中 独立观测向量数为

$$(k-1) \times n_p \times n_r / k$$

由此可知，增加重复设站数，虽可提高可靠性，但却增加了作业时间。所以，重复设站数在设计中应按实际情况合理确定。

（二）关于分区观测

随着 GPS 网的应用目的之异，GPS 网所覆盖的面积大小也不相同。例如，在我国国土上布测的国家 GPS 网覆盖着整个陆地和海洋国土，需要几年的时间才能布测完毕，而不得不将它分成几个子区作业。另外，即使布测面积不大，但 GPS 网的点数较多，而参加观测的接收机数量有限时，网的观测工作也需分区进行。当实行分区观测时，为了保持全网的整体性能和增加多余观测量，提高网的精度，相邻分区应设置公共联测点，且其数量不得少于 3 个。在实际工作中，公共点的多少应根据网的用途慎重考虑。

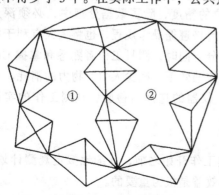

图 4-8 两个子环路的实测方案

图 4-8 是某测区布设两个子环路的实测方案，它是用 4 台接收机进行同步环路的测量，图中的点位编号就是环路测量的推进顺序。它是根据该测区的现势交通状况和站址位置而定的。随着交通条件的变化，也可依据所设计的网环路制订其他形式的实测方案。

（三）GPS 卫星的可见性预报及观测时段的选择

在进行 GPS 定位观测时，各个测站上的接收机均需观测 4 颗以上的共视 GPS 卫星（又称为定

位星座），这些卫星在空中的几何分布对 GPS 定位的精度具有重要影响。为此，应选择适宜的定位星座，即通过对 GPS 卫星的可见性预报，来选择最佳观测时段。

拟定观测计划时，应根据测站概略坐标和现有星历，由接收机工作软件编制 GPS 卫星可见性预报表。表 4-6 描述了我国某地，在卫星高度角大于 15°的限值下，某天各 GPS 卫星的通过情况。

根据 GPS 卫星的精度因子 PDOP 和 GPOP 的变化情况，可以选择最佳观测时段。由表 4-6 可见，在当时卫星分布的情况下，从 8h00min 至 12h00min 均为最佳的观测时间段。

GPS 卫星可见性预报表

表 4-6

时 间	卫星数	PDOP	GDOP	卫星号（PRN）
08.00	6	1.43	3.54	5 21 23 25 29 30
08.10	6	1.41	3.32	5 21 23 25 29 30
08.20	6	1.39	3.10	5 21 23 25 29 30
08.30	6	1.37	2.90	5 21 23 25 29 30
08.40	7	1.18	2.60	5 6 21 23 25 29 30
08.50	6	1.34	2.84	5 6 21 25 29 30
09.00	6	1.31	3.44	6 21 22 25 29 30
09.10	6	1.31	3.60	6 21 22 25 29 30
09.20	6	1.32	3.73	6 21 22 25 29 30
09.30	6	1.32	3.72	6 21 22 25 29 30
09.40	7	1.14	2.45	6 14 21 22 25 29 30
09.50	7	1.14	2.42	6 14 21 22 25 29 30
10.00	6	1.28	3.31	6 14 22 25 29 30
10.10	6	1.28	3.37	6 14 22 25 29 30
10.20	6	1.28	3.23	6 14 22 25 29 30
10.30	5	1.45	3.43	6 14 22 25 29
10.40	5	1.44	3.19	6 14 22 25 29
10.50	6	1.30	2.51	1 6 14 22 25 29
11.00	7	1.15	2.14	1 3 6 14 22 25 29
11.10	7	1.15	2.17	1 3 6 14 22 25 29
11.20	7	1.15	2.14	1 3 6 14 22 25 29
11.30	6	1.30	2.31	1 3 6 14 22 25
11.40	5	1.45	5.02	1 3 14 22 25
11.50	5	1.45	5.28	1 3 14 22 25
12.00	5	1.47	4.99	1 3 14 22 25

在进行最佳观测时段选择时，还应指出以下几点：

1. 为了使 PDOP 的预报值较接近于实际的 PDOP 值，应选取最接近观测时的卫星星历。

2. 最佳观测时段并不是依靠每一个测站来选择的，而是用测区或子环路的平均经纬度来选择公用观测时段。

3. 在选择时，除了要考虑 PDOP 数值的大小外，还应顾及每颗 GPS 卫星的 URA 值（卫星导航电文向用户报告的测距精度估值，未实施 SA 技术的卫星 URA 值通常为 10.0m；实施 SA 技术的卫星 URA 值通常为 32.0m）；对于超出"常规" URA 值的 GPS 卫星，应予以删除。这是数据处理中人工干预的依据。

（四）观测进程及调度计划

最佳观测时间确定后，在观测之前应拟定观测工作的进程表及接收机的调度计划。尤其当 GPS 网规模较大，参加作业的仪器较多时，仔细地拟定这些计划，对于顺利地实现预定的观测任务极为重要。

观测工作的进程计划，涉及到网的规模、精度要求，作业的接收机数量和后勤保障条件等，在实际工作中应根据最优化的原则合理拟定。

二、仪器的选择与检验

GPS 接收机是完成测量任务的关键设备，其性能要求和所需的接收机数量与测量的精度有关，工作中可根据情况按表 4-7 的要求选择。

GPS 接收机的选择 表 4-7

精度类别	A	B	C、D、E
接收机类型	双频	双频	双频或单频
同步观测接收机数	≥4	≥3	≥2

观测中所有采用的接收设备，都必须对其性能与可靠性进行检验，合格后方能参加作业。尤其对于新购置的设备，应按规定进行全面的检验。接收机全面检验的内容，包括一般性检视、通电检验和试测检验。

（一）一般性检视

主要检查接收设备的各部件及附件是否齐全、完好，紧固部件是否松动与脱落，设备的使用手册及资料是否齐全等。

（二）通电检验

检验的主要项目包括：设备通电后有关信号灯、按键、显示系统和仪表的工作情况，以及自测试系统的工作情况。当自测试正常后，按操作步骤进行卫星的捕获与跟踪，以检验其工作情况。

（三）试测检验

试测检验应在不同长度的标准基线上或专设的 GPS 测量检验场上进行。标准基线的相对精度应不低于被检验接收设备的标称精度。试测检验是接收设备检验的主要内容，凡是用于精密定位的接收设备，都应按作业时间的长短，至少在每年出测前进行一次。

另外，天线底座的圆水准器和光学对中器，也都要在每年出测前进行检验和校正。对于作业中所使用的气象测量仪表（通风干湿表、气压表、温度计），也应定期送气象部门检验，以保证其正常工作。

GPS 接收机属贵重的精密电子仪器，为了确保设备的安全和正常工作，用户必须制定严格的使用、运输与保管办法。

三、观测工作

观测工作主要包括：天线安置，接收机操作，气象参数测定，测站记录等。

（一）天线安置

天线的妥善安置是实现精密定位的重要条件之一。其安置工作一般有下列几种：

1．直接对中安置

对于静态定位或快速静态定位模式，天线应尽可能利用三脚架，并安置在标志中心的上方直接对中观测；采用动态作业模式时，天线尽可能利用天线杆，便于快速流动。该方式适合于没有觇标的点位观测。

2．间接对中安置

对于有觇标的点位需安置天线观测时，应先将标志中心投影至基板上作为安置天线的依据。如果是高精度要求的观测（四等以上级别），还需要将觇标顶部拆除，以防止对信号的干扰。

3．偏心天线安置

对于某些不符合 GPS 观测条件或影响 GPS 观测精度的点位，例如某些觇标年久失修，上标安置天线已不太安全或者尽管觇标安全但卸去标顶很不方便等等，这时可以采取偏心天线安置，即偏心观测，但偏心元素应按照常规解析法精密测定。

由于 GPS 基线向量是三维坐标差，故用常规解析法测定偏心元素时，不仅要测定其平面位置偏心，还要测定其高差。高差一般采用水准测量或三角高程测量方法测定，平面位置偏心的测定方法如下：

如图 4-9 所示，P 和 T 为控制点标石中心，A、B 为偏心观测点（其中一个作为方位点），偏心元素可以施测 e_A、θ_A，也可以施测 e_B、θ_B，或两组都测，以便相互校核。当然，也可像方向交会和距离交会那样只测 θ_A、θ_B 或 e_A、e_B。若 A 与其他 GPS 点通视，可不设偏心观测点 B，直接以 GPS 点作后视方向观测 θ 角。

关于偏心观测的归心改正计算将在第五章介绍。

不论采用何种方式安置天线，都应满足下列要求：

（1）天线底板上的圆水准器气泡必须居中。

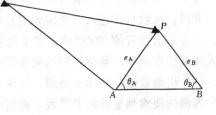

图 4-9　偏心观测示意图

（2）天线的定向标志线应指向正北，使得同一台仪器在各个测站的观测成果中，天线相位中心迁移这项系统偏差相同，其相对位置中可以减弱此项偏差影响。对于没有标志线的天线，用户可以自己设置一个任意零方向，各站采用同样的定向，也有一定的效果。

（3）天线安置后，应在开机前后各量测天线高一次。两次量测结果之差应不超过 3mm，并取其平均值。

所谓天线高，是指天线的相位中心至观测点标志中心顶端的直距离。一般分为上、下两段：上段是从相位中心至天线底面的距离，这一段的数值由厂家检定提供，并作为常数；下段是从天线底面至观测点标志中心顶端的距离，这一段由用户现场测定。天线高的量测值应为上、下两段距离之和。图 4-10 是瑞士徕卡 GPS500 接收机天线安置示意图。

（二）接收机操作

接收机操作是数据采集过程中最重要的一项工作，其主要任务是捕获 GPS 卫星信号，并对其进行跟踪、处理和量测，以获取所需的定位信息和观测数据。

目前，随着接收机设备的硬件和软件的不断发展，接收机操作的自动化程度愈来愈

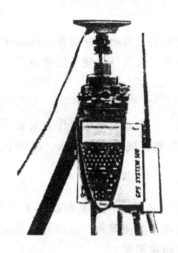

图 4-10 徕卡 GPS500 接收机及天线安置示意图

高，给操作人员带来极大方便。不同类型的接收机，其操作过程大体相近，用户可参考随机提供的操作手册。其一般操作步骤及注意事项如下。

1. 一般操作步骤

（1）做好开机前的各项准备工作

准备工作一般包括：天线安置并精确量取天线高；连接好各部件的电源及电缆线；检查是否拧紧或有无接错。

（2）开机搜索卫星，输入测站参数，等待开测命令。

此时，接收机已进入自动搜索卫星状态，控制器面板上显示出各个通道锁住的卫星总数，并显示出相应的 GDOP 值。作业员可以输入测站点的点位标识，再输入天线高的读数及天线高固定偏差，等待各测站同步观测的命令。

（3）按测量键开始同步观测，并注意查看有关信息。

各测站搜索到足够的卫星数，即可进行同步观测，接收机开始记录数据。

在观测过程中，作业员可以通过显示屏随时了解作业进程和控制器所控制的各部分状态信息，如查询各卫星的信噪比、方位角和高度角；显示导航定位解、日期、时间和时区；查询卫星状态、记录设备状态以及电池状态等。

（4）按停止键，数据存盘，退出作业任务，关机。

确认观测时间足够后，可以停止观测，系统返回主菜单，最后关机。

（5）收机，清点各部件，装箱。

2. 操作注意事项

（1）观测前要仔细检查仪器内各项参数设置是否正确，是否与其他同步观测仪器保持一致。

（2）整置仪器时要尽可能架高天线，以减少测站周围干扰源的影响。

（3）开机前应检查各部件联接是否正确，有无接触不良现象。

（4）观测中要注意观察仪器面板显示的各项信息，如 GDOP 值的大小、卫星的信噪比大小、记录设备的剩余容量、电池的电量以及有无告警等，以便及时处理各种情况。

（5）观测中要尽量少使用高频对讲机，作业员也不要在天线周围来回走动，以减少电磁场和人体磁场对信号的干扰。

（6）停止观测前，要检查测站点号和天线高等信息输入是否正确，如有改变，应予以更正，以减少内业数据编辑的工作量。

（三）气象参数测定

对于精度要求高于Ⅱ等或边长大于 10km 的 GPS 测量，应该在相位观测的同时，测定并记录气温、气压和湿度。一般要求在每个时段始末及中间各测定一次，当时段较长（如超过 60min）应适当增加观测次数。

气象参数的测定应达到下列精度要求：

大气温度	±1℃
大气压力	±1.0mb
相对湿度	±2%

为此，应定期检定气象仪器，在采集气象数据时，要重视以下操作规定：

通风干湿温度计不应放在太阳照射或通风不良的地方；应该在上弦（启动通风发条）上水（保证足够水分）后的稳定状态下读取干湿温度；读数时，气象仪器应尽量与天线相位中心保持同样高度，观测者的视线应水平；人体体温不应造成辐射影响等。

以上规定在数据采集后无法用细则规范予以检核，是一种导致测量误差的"活精度"。

（四）测站记录

在外业观测过程中，所有的观测数据和资料均须妥善记录。记录的形式主要有以下两种：

1. 设备记录

观测数据及资料由接收设备自动记录在存储介质（如磁带、磁卡、存储卡等）上，当一时段观测结束后，即可将其送至内业，通过数据传输至计算机进行实时处理。

设备记录的内容包括：

载波相位观测值及相应的观测历元；

同一历元的测距码伪距观测值；

GPS 卫星星历及卫星钟差参数；

实时绝对定位结果；

测站控制信息及接收机工作状态信息。

2. 测量手簿

测量手簿是在接收机启动前后及观测过程中，由用户随时填写的。其记录格式和内容一般见表4-8。其中观测记事栏应记载观测过程中发生的重要问题，问题出现的时间及其处理方式。

GPS 测量手簿记录格式　　　　　　　　　　　　　　　　表 4-8

点　名		点　号		图　幅	
观测员		记录员		观测月日/年积日	
接　收　设　备		天　气　状　况		近　似　位　置	
接收机及编号		天　气		纬　度	
天线号码		风　向		经　度	
存贮介质编号		风　力		高　程	

点　　名			点　　号			图　幅	
天线高（m）	测　前				平　均　值		
	测　后						
观测时间 （UTC）	开始预热				卫星号开始/变化后		
	开始记录				总时段序号		
	结束记录				日时段序号		
气　象　元　素				观　测　记　事			
时　间	气　压	干　温	湿　温				

为了保证记录的准确性，测量手簿必须在作业过程中随时填写，不得事后补记。以上观测记录都是 GPS 定位的依据，必须妥善地保管。

外业观测中存储介质上的数据文件应及时拷贝一式两份，分别保存在专人保管的防水、防静电的资料箱内。接收机内存数据文件在转录到外存介质上时，切记不得进行任何删除性操作，不得调用任何对数据实施重新加工组合的操作指令。

第五节　观测成果的外业检核

观测成果的外业检核是确保外业观测质量，实现预期定位精度的重要环节，所以当观测任务结束后，必须在测区及时对外业的观测数据质量进行检核和评价，以便及时发现不合格的成果，并根据情况采取淘汰或重测、补测措施。

一、外业观测数据的评价标准

在静态相对定位中，外业观测数据的评价一般分为四级，即良好、合格、存疑（或部分合格）和不合格。各级的评价标准如下：

（一）良好

1. 测站环境好，无信号干扰因素；

2. 观测过程中大气状况稳定；

3. 观测到所有预报的卫星；

4. 接收机运行正常，没有或偶尔发生短暂的失锁或故障报警，但很快得以排除；

5. 测站上全部操作过程都符合规定，资料齐全；

6. 实时绝对定位解收敛平稳。

（二）合格

1. 测站上有明显的干扰因素；

2. 观测过程中大气状况有明显的波动（如有暴风雨过境，各方位的云量分布极不均匀和气象突变等）；

3. 接收机运行不大正常，多次出现报警或卫星失锁，且由于未能及时排除或多次积累致使约有 10% 的观测数据无效；

4. 测站上的操作过程基本符合规定要求；

5. 实时单点定位解的收敛过程有波动。

（三）存疑（或部分合格）

1. 测站上信号干扰因素比较严重；

2. 观测过程中报警或信号失锁频繁，约有 20% 的观测数据无效；

3. 单点定位解的收敛波动较大。

（四）不合格

1. 由于多种因素影响，致使无效观测数据多于 30%；

2. 观测卫星数少于 4 颗；

3. 单点实时定位解收敛很困难。

二、外业观测成果的检核内容

（一）同步边观测数据的检核

同步边是指接收机设于基线两端，通过多历元同步观测，经平差计算的基线边。对其检核的内容包括：

1. 观测数据的剔除率

由于不合格而剔除的观测值个数与参加同步边平差计算的观测值总数之比，称为数据剔除率。根据不同的精度要求，剔除率一般应不超过 5% ~ 10%。

2. 观测值残差分析

观测值的残差，即各观测值与其平差值之差。残差主要是由观测值的偶然误差和系统误差残余部分的影响而产生的。其中系统误差残余部分的影响与数据处理中所采用的模型密切相关，所以采用不同的后处理软件。这种系统性误差对上述残差的影响也将不同，是一个尚待深入分析的问题。

残差分析，主要是试图将观测值中的偶然误差分离出来，并判定其大小。若设观测值的残差为 V_i，$i = 1, 2, 3, \cdots\cdots, n - 1$，$n$ 为观测值个数，则其分析方法大致如下：

计算残差的一次差和二次差

$$\left.\begin{array}{l} \Delta'_i = V_i - V_{i-1} \quad (i = 1, 2, \cdots\cdots, n - 1) \\ \Delta''_i = \Delta'_{i+1} - \Delta'_i \quad (i = 1, 2, \cdots\cdots, n - 2) \end{array}\right\} \tag{4-1}$$

计算观测值偶然误差的中误差

$$\sigma = \sqrt{\frac{1}{6(n-2)} \sum_{i=1}^{n-2} (\Delta''_i)^2} \tag{4-2}$$

一般规定 σ 应小于 1cm。

3. 计算同步边平差值的中误差和相对中误差

同步边每一时段平差值的中误差应小于 0.1m，而其相对中误差应不超过相应精度类别的要求。

（二）重复观测边的检核

同一条基线边若观测了多个时段（≥2），则可得到多个边长结果。这种具有多个独立观测结果的边称为重复边（又称复测边）。重复边的检核内容包括：

1. 计算不同时段观测结果的互差，应小于相应类级规定精度的 $2\sqrt{2}$ 倍。

2. 同一条边若有三个时段以上的观测结果，则应计算各时段结果的平均值。其中任一时段的结果与其平均值之差，应不超过相应类级的规定精度。

（三）环线闭合差的检核

当观测的基线边构成某种闭合图形（如三角形、多边形）时，图形的闭合差理论上应为零。但是，由于各种观测量误差以及数据处理模型误差等因素的综合影响，致使该闭合差一般不为零。通过对环线坐标增量闭合差和全长相对闭合差的检核，可以有效地评定基线处理结果的质量。

假设，闭合环中各基线边的坐标分量差之和为

$$W_x = \sum_{i=1}^{n} \Delta X_i \quad W_y = \sum_{i=1}^{n} \Delta Y_i \quad W_z = \sum_{i=1}^{n} \Delta Z_i \tag{4-3}$$

式中 $(\Delta X_i, \Delta Y_i, \Delta Z_i)$ 为第 i 条基线边的坐标分量差；n 为环中的基线边数；则环线闭合差 W 和全长相对闭合差 W 的定义为

$$W = \sqrt{W_x^2 + W_y^2 + W_z^2} \tag{4-4}$$

$$\bar{W} = W \big/ \sum_{i=1}^{n} S \quad (10^{-6}) \tag{4-5}$$

环线可以分为两种：其一是同步环，由同一时段的基线向量构成；其二是异步环，由不同时段的基线向量构成。由于各自的基线向量相关性的差异，导致其检核的标准是不一样的。

1. 同步环闭合差的检核

当环中各边为多台接收机同步观测的结果时（例如，3 台接收机同步观测结果所构成的三角形边），由于各边是不独立的，所以其闭合差应恒为零。但是，由于处理软件模型的不完善，或计算各同步边时数据取舍的差异，使得这种同步环的闭合差实际上仍可能不为零。这种闭合差的数值一般很小，应不致对定位结果产生明显的影响，因此也可把它作为成果质量的一种检核标准。对此，《GPS 测量规范》作出了明确规定。

对于三边同步环，其坐标分量闭合差应小于下列数值

$$W_x \leqslant \frac{\sqrt{3}}{5}\sigma \quad W_y \leqslant \frac{\sqrt{3}}{5}\sigma \quad W_z \leqslant \frac{\sqrt{3}}{5}\sigma \tag{4-6}$$

$$W = \sqrt{W_x^2 + W_y^2 + W_z^2} \leqslant \frac{3}{5}\sigma \tag{4-7}$$

式中 σ——相应级别规定的精度（按平均边长计算）。

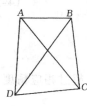

图 4-11 同步观测基线

对于多边同步环，如 4 台以上可以产生大量同步闭合环，在处理完各边观测值后，应检查一切可能的环闭合差。以图 4-11 为例，A、B、C、D 四站同步观测应检核：

（1）$AB—BC—CA$　　　　（2）$AC—CD—DA$

（3）$AB—BD—DA$　　　　（4）$BC—CD—DB$

（5）$AB—BC—CD—DA$　　（6）$AB—BD—DC—CA$

（7）$AD—DB—BC—CA$

所有闭合环的闭合差均应满足：

$$W_x \leqslant \frac{\sqrt{n}}{5}\sigma \quad W_y \leqslant \frac{\sqrt{n}}{5}\sigma \quad W_z \leqslant \frac{\sqrt{n}}{5}\sigma \tag{4-8}$$

$$W = \sqrt{W_x^2 + W_y^2 + W_z^2} \leqslant \frac{\sqrt{3n}}{5}\sigma \qquad (4-9)$$

式中　n——闭合环中的边数；

　　　σ——相应级别规定的精度（按平均边长计算）。

2. 异步环闭合差的检核

由于组成异步环的各基线边全部为独立观测边，因而异步环闭合差的检核具有特别重要的意义，闭合差的大小是评价观测成果质量的重要标准之一。

为了达到预定的精度要求，异步环中各坐标差分量闭合差应符合下式规定：

$$W_x \leqslant 2\sqrt{n}\sigma \quad W_y \leqslant 2\sqrt{n}\sigma \quad W_z \leqslant 2\sqrt{n}\sigma \qquad (4-10)$$

$$W = \sqrt{W_x^2 + W_y^2 + W_z^2} \leqslant 2\sqrt{3n}\sigma \qquad (4-11)$$

式中　n——闭合环中的边数；

　　　σ——相应级别规定的精度（按平均边长计算）。

在上述检核中，如果各项均不超过各自的限差，说明环中每条基线的结果中不含明显粗差。如果环中每条基线在不止一个环中通过了检查被认为合格，则可基本确认这些基线是合格的。否则，应查明哪一条基线有问题，以便精化处理。

应当指出：用以检查基线合格与否的环必须是异步环。也就是说，在同步环中检查合格的基线有可能在异步环检查中不合格。另外，为了便于检核和发现粗差，组成异步环的基线数不得过多，应符合表4-4的规定。

三、野外返工

对经过检核超限的基线在充分分析基础上，进行野外返工观测，基线返工应注意如下几个问题：

（1）无论何种原因造成一个控制点不能与两条合格基线相连接，则在该点上应补测或重测不少于一条独立基线。

（2）可以舍弃在复测基线边长较差、同步环闭合差、异步环闭合差检验中超限的基线，但必须保证舍弃基线后的独立环所含基线数，不得超过表4-4的规定，否则，应重测该基线或者有关的同步图形。

（3）由于点位不符合 GPS 测量要求而造成一个测站多次重测仍不能满足各项限差技术规定时，可按技术设计要求另增选新点进行重测。

思　考　题

1. GPS 网布设具有哪些技术特点？

2. GPS 选点应遵循哪些基本原则？

3. 简述 GPS 数据采集应进行的主要工作。

4. GPS 外业观测成果应进行哪些项目的检核？

第五章 GPS测量的基线处理

GPS接收机采集的是接收机天线相位中心至卫星发射中心的伪距、载波相位和卫星星历等数据，而不是常规测量技术所测的地面点间的相对位置关系量（如边长、角度、高差等）。因而，要想得到有实用意义的测量定位成果，需要对采集到的数据进行一系列的处理。

第一节 数据处理的基本程序

GPS测量数据处理是指从外业采集的原始观测数据到最终获得测量定位成果的全过程。大致可以分为数据的粗加工、数据的预处理、基线向量解算、GPS基线向量网平差或与地面网联合平差等几个阶段。数据处理的基本流程如图5-1所示。

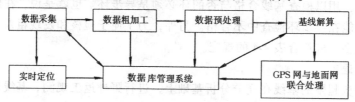

图5-1 GPS数据处理基本流程图

图中第一步数据采集和实时定位在外业测量过程中完成；数据的粗加工至基线向量解算一般用随机软件（后处理软件）将接收机记录的数据传输至计算机，进行预处理和基线解算；GPS网平差可以采用随机软件进行，也可采用国内外高校或科研机构开发的专用平差软件包来完成。下面就其主要步骤做一简要说明。

一、GPS测量数据的粗加工

GPS测量数据的粗加工包括数据传输和数据分流两部分内容。

大多数GPS接收机采集的数据记录在接收机内存模块上。在数据通过专用电缆线从接收机传输至计算机的同时完成数据的分流，以将各类数据按照类别特性归入不同的数据文件中。数据传输和分流未做任何实质性的加工处理，只是存贮介质的变换。

不同接收机的数据记录格式各不相同，难被同一处理程序所用。因而传输至计算机的数据还需解译，提取出有用信息，分别建立不同的数据文件。其中最主要的是生成四个数据文件：载波相位和伪距观测值文件、星历参数文件、电离层参数和UTC参数文件、测站信息文件。

1. 观测值文件

这是容量最大的文件，内含观测历元，C/A码伪距、载波相位(L1/L2)、积分多普勒计数、信噪比等，其中最主要的是伪距和载波相位观测值。

2. 星历参数文件

星历参数文件包括所有被测卫星的轨道位置信息，根据这些信息可以计算出任一时刻的卫星在轨道上的位置。

3. 电离层参数和 UTC 参数文件

电离层参数可用于改正观测值的电离层影响，UTC 参数则用于将 GPS 时间修正成 UTC 时间。

4. 测站信息文件

测站信息文件包括测站的基本信息和本测站上的观测情况。例如，测站名、测站号、测站的概略坐标、接收机号、天线号、天线高、观测的起止时间、记录的数据量、初步定位结果等。

二、GPS 测量数据的预处理

GPS 测量数据预处理的目的在于：对数据进行平滑滤波检验，剔除粗差，删除无效无用数据；统一数据文件格式，将各类接收机的数据文件加工成彼此兼容的标准化文件；GPS 卫星轨道方程的标准化，一般用一多项式拟合观测时段内的星历数据；探测并修复整周跳变，使观测值复原；对观测值进行各种模型改正，最常见的是大气折射模型改正。

预处理所采用的模型、方法的优劣，将直接影响最终成果的质量，因而是提高 GPS 测量作业效率和精度的重要环节。目前，GPS 测量数据的预处理大致具有以下四项内容：

（一）GPS 卫星轨道方程的标准化

在 GPS 数据处理中要多次进行卫星坐标的计算，而卫星的广播星历每小时播发一组独立的星历参数，使得计算工作十分繁杂。卫星轨道方程标准化的主要目的就是以统一的格式提供观测时段内被测卫星的轨道位置，从而使卫星轨道计算简便，并且在观测时段内是连续轨道。

GPS 卫星轨道方程的标准化通常采用以时间为变量的多项式进行拟合处理。

（二）卫星时钟多项式的拟合和标准化

与星历参数和轨道方程标准化相类似的问题，也出现在卫星时钟参数上。由于卫星时钟改正数也来自每小时更新一次的广播星历，所以当观测时段跨越一个或若干个世界时整点时，每一颗卫星将有两组或两组以上的星钟改正数。在数据处理中，要求我们提供整个观测时段内被测卫星连续、惟一且充分平滑的时钟改正多项式。

（三）初始整周模糊度的预估和整周跳变的发现与修复

确定整周模糊度的初值以做好平差时整周模糊度的近似值。大多数采用伪距观测值估算整周模糊度的初值。

由于各种原因造成接收机载波相位测量的暂时中断，从中断到重新锁定信号继续测量开始这段时间内，接收机中的计数器停止计数，因而使得中断后的相位观测值与未失锁情况下的相位观测值相差一个整数，此现象为整周跳变。必须发现并对存在整周跳变的观测值加以改正，否则将会严重影响成果质量和精度。一般要求纠正 ±0.5 周以上的整周跳变。

（四）观测值文件的标准化

各种接收机提供的记录数据项彼此不相同，同一数据项也可能互相有一些出入。例如观测时刻这个记录项，可能采用接收参考历元的值也可能是经过改正归算至 GPS 时间系统的值；又如相位观测值可能以周为单位，也可能以半周为单位（采用平方通道时），这就给后继数据处理带来极大的不利。为了保证后继工作的顺利进行，对进入平差的观测值文件必须进行规格化、标准化。

三、基线向量解算

经过预处理后，观测值作了必要的修正，成为"净化"的数据，并提供了卫星轨道，时钟参数的标准表达式，估算了整周模糊度初值，就可以对这些载波相位观测值进行各种线性组合，以其双差值作为观测值列出误差方程，组成法方程，进行基线的平差解算。平差解算中一般以点间的坐标差作为平差未知数，故称为 GPS 基线解算。一般由接收机的随机软件完成。

四、GPS 网平差计算与成果转换

GPS 相位观测值经过基线解算，获得了各点间的基线向量成果。由于 GPS 成果属于 WGS-84 坐标系，因而就必须将它们转换至实用的国家或地方坐标系内，这是通过与地面网成果的综合处理来解决的。常用的方法是进行 GPS 网的约束平差和 GPS 网与地面网的联合平差。

第二节　GPS 基线向量的解算

根据 GPS 定位的基本原理，GPS 定位可以采用绝对定位和相对定位两种。绝对定位采用单站接收机的相位观测值（多以码相位观测值，即伪距）来求得测站的坐标。目前，C/A 码绝对定位精度约在 5～30m 之间，因而常用于导航，也作为 GPS 相对定位的起算坐标。相对定位则利用多台接收机载波的相位观测值，对这些相位观测值进行各种线性组合，以其求差值作为观测值求得测站间的相对位置，相对定位精度较短距离在几厘米左右，较长距离（20km 以上）可达 $1\sim2\times10^{-6}$，超长距离（几百～几千公里）则可高达 $0.1\sim0.01\times10^{-6}$，因而在测量领域总是采用相对定位方法。

用相对定位方法确定的测站间相对位置关系可以用某一坐标系统下的三维直角坐标差 $(\Delta X_{ij}, \Delta Y_{ij}, \Delta Z_{ij})$ 表示，也可以用大地坐标差 $(\Delta B_{ij}, \Delta L_{ij}, \Delta H_{ij})$ 表示。我们将这种点间的相对位置量称为基线向量坐标，对应于两点间的长度称为基线长度。本节将讨论如何利用载波相位观测值求解基线向量问题。

一、基线向量解算的基本原理

（一）基本相位观测量

我们知道，任一时刻载波相位观测值为该时刻接收机产生的参考频率信号的相位与接收到的来自卫星的载波信号的相位之差。设接收机 R 在本机时刻 T_i 接收到来自卫星 j 含多普勒频移的载波信号相位为 $\phi_R^j(T_i)$，接收机产生的参考频率信号相位为 $\Phi_R(T_i)$，则基本相位观测值为

$$\varphi_i^j = \phi_s^j(T_i) - \Phi_R(T_i) + \varepsilon_i^j \tag{5-1}$$

式中　ε_i^j 为信号的测量误差。

顾及初始整周模糊度 N_i^j，则上式可写为

$$\varphi_i^j = \phi_s^j(T_i) - \Phi_R(T_i) + N_i^j + \varepsilon_i^j \tag{5-2}$$

统一采用 GPS 时间，则接收机本机时刻 T_i 对应的 GPS 时刻为 t_i，两者之间的微小偏差为 δt_i，且

$$\delta t_i = T_i - t_i, \quad T_i = t_i + \delta t_i \tag{5-3}$$

对应于 T_i 时刻收到的卫星信号的发射时刻应为 $T_i - \Delta\tau_i$，其中 $\Delta\tau_i$ 为信号的传播时间，则式（5-2）写成

$$\varphi_i^j = \phi_s^j(t_i + \delta t_i - \Delta t_i) - \Phi_R(t_i + \delta t_i) + N_i^j + \varepsilon_i^j \tag{5-4}$$

若取 $\dot{\phi}_s^j = f_s^j$，并顾及

$$\Delta t_i = \frac{1}{C}\rho_R^j(t_i + \delta t_i) = \frac{1}{C}\rho_R^j(t_i) + \frac{1}{C}\dot{\rho}_R^j(t_i) \cdot \delta t_i \tag{5-5}$$

式中　C 为信号速度；ρ_R^j 为接收机 R 至卫星 j 的斜距；再引进信号在大气中的传播延迟 Δ_R^j (t_i)，则基本相位观测方程为

$$\varphi_R^j(t_i) = \phi_s^j(t_i) - \Phi_R(t_i + \delta t_i) + f_s^j \cdot \delta t_i - \frac{f_s^j}{C}\rho_R^j(t_i) - \frac{f_s^j}{C}\dot{\rho}_R^j(t_i) \cdot \delta t_i$$

$$- \frac{f_s^j}{C}\Delta_R^j(t_i) + N_R^j + \varepsilon_R^i(t_i) \tag{5-6}$$

（二）差分模型

假设安置在基线端点 (i, j) 的接收机，对 GPS 卫星 p 和 q 于时刻 t_1 和 t_2 进行了同步观测，则可得到以下独立的载波相位观测量 $\phi p_i(t_1), \phi p_i(t_2), \phi q_i(t_1), \phi q_i(t_2), \phi p_j(t_1),$ $\phi p_j(t_2), \phi q_j(t_1), \phi q_j(t_2)$。在静态相对定位中，普遍应用的是这些独立观测量的多种差分形式，如图 5-2 所示。

若取符号 $\Delta\varphi^p(t)$，$\nabla\varphi_i(t)$ 和 $\delta\varphi_i^p(t)$
分别表示不同接收机之间（即测站之间），卫星之间和不同观测时刻之间的观测量之差，则有

$$\left.\begin{array}{l} \Delta\varphi^p(t) = \varphi_j^p(t) - \varphi_i^p(t) \\ \nabla\varphi_i(t) = \varphi_i^q(t) - \varphi_i^p(t) \\ \delta\varphi_i^p(t) = \varphi_i^p(t_2) - \varphi_i^p(t_1) \end{array}\right\} \tag{5-7}$$

在上式简单线性组合的基础之上，还可以进一步导出其他的线性组合形式。

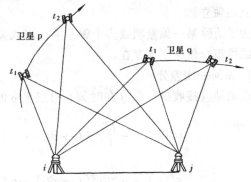

图 5-2　相对定位中的求差示意图

考虑到 GPS 定位时的误差源，实际上广为采用的组合形式只有三种，即单差、双差和三差，它们的定义如下：

单差，即不同接收机（也称不同测站）同步观测相同卫星所得观测量之差，其表达形式为

$$\Delta\varphi^p(t) = \varphi_j^p(t) - \varphi_i^p(t) \tag{5-8}$$

单差，又称求一次差。单差是相对定位中观测量的最基本线性组合形式。

双差，即不同接收机同步观测一组卫星所得单差之差，又称求二次差。若应用上述符号则可表示为

$$\nabla\Delta\varphi(t) = \Delta\varphi^q(t) - \Delta\varphi^p(t)$$
$$= \varphi_j^q(t) - \varphi_i^q(t) - \varphi_j^q(t) + \varphi_i^p(t) \tag{5-9}$$

三差，即在不同时刻同步观测同一组卫星所得观测量的双差之差，又称求三次差。其表达式为

$$\delta \nabla \Delta \varphi(t) = \nabla \Delta \varphi^q(t_2) - \nabla \Delta \varphi^p(t_1)$$

$$= [\varphi_j^q(t_2) - \varphi_i^q(t_2) - \varphi_j^p(t_2) + \varphi_i^p(t_2)] -$$

$$[\varphi_j^q(t_1) - \varphi_i^q(t_1) - \varphi_j^p(t_1) + \varphi_i^p(t_1)] \qquad (5\text{-}10)$$

建立差分模型的目的在于消除或减弱一些具有系统性误差的影响（如卫星轨道误差、钟差和大气折射误差等），减少平差计算中未知数的数量。为此，对式（5-6）表述的相位观测方程加以模型化而表达成

$$\varphi_R^j(t_i) = -\frac{f_s^j}{c}\rho_R^j(t_i + \delta t_i) + \alpha_R(t_i)$$

$$+ \beta^j(t_i) + \gamma_R^j + \varepsilon_R^j(t_i)$$

$$(5\text{-}11)$$

式中第一项是量测相位及其延迟改正后的值；α 项表示只与接收机有关的偏差项，例如接收机时钟偏差等。该项与时间有关，即不同历元时刻的 α 项不同；β 项表示与卫星有关的项，例如卫星钟的偏差等，也与时间有关，即不同历元时刻的 β 项不同；γ 项表示只与卫星和接收机有关的项，而与时间无关，例如载波相位的初始整周模糊度等。

这样我们就假定了 α 对每台接收机在不同历元时刻有不同的值且彼此独立；β 对每颗卫星在不同历元有不同的值且彼此独立；γ 对每一站星有不同的值且彼此独立；α、β、γ 之间互相独立。

为了消除某一偏差项或多个偏差项，引入差分模型，使 α、β、γ 中的一个或几个在新的线性组合值中不再存在。

1. 站间一次差分

设测站（接收机）i、j 在时刻 t_i 对卫星 p 的相位观测值为

$$\varphi_i^p(t_i) = -\frac{f_s^p}{C}\rho_i^p(t_i + \delta t_i) + \alpha_i(t_i) + \beta^p(t_i) + \gamma_i^p + \varepsilon_i^p(t_i)$$

$$\varphi_j^p(t_i) = -\frac{f_s^p}{C}\rho_j^p(t_i + \delta t_i) + \alpha_j(t_i) + \beta^p(t_i) + \gamma_j^p + \varepsilon_j^p(t_i)$$

对 $\phi_i^p(t_i)$ 和 $\phi_j^p(t_i)$ 求差就得到了所谓的站间一次差分。

$$\Delta \varphi_{ij}^p(t_i) = \varphi_i^p(t_i) - \varphi_j^p(t_i)$$

$$= -\frac{f_s^p}{C}[\rho_i^p(t_i + \delta t_i) - \rho j_j^p(t_i + \delta t_i)]$$

$$+ [\alpha_i(t_i) - \alpha_j(t_i)] + [\gamma_i^p - r_j^p] + [\varepsilon_i^p(t_i) - \varepsilon_j^p(t_i)] \qquad (5\text{-}12)$$

由此看出，$\Delta \varphi_{ij}^p(t_i)$ 中的 β 项已消失。

2. 站星二次差分

设对 $\varphi_i^q(t_i)$ 和 $\varphi_j^q(t_i)$ 也求站间一次差分，则有 $\Delta \varphi_{ij}^q(t_i)$

$$\Delta \varphi_{ij}^q(t_i) = \varphi_i^q(t_i) - \varphi_j^q(t_i)$$

$$= -\frac{f_s^q}{C}[\rho_i^q(t_i + \delta t_i) - \rho_j^q(t_i + \delta t_i)] + [\alpha_i(t_i) - \alpha_j(t_i)]$$

$$+ [\gamma_i^q - r_j^q] + [\varepsilon_i^q(t_i) - \varepsilon_j^q(t_i)]$$

对 $\Delta\varphi_{ij}^p(t_i)$ 和 $\Delta\varphi_{ij}^q(t_i)$ 求差，得站（接收机）星二次差分 $\nabla\Delta\varphi_{ij}^{pq}(t_i)$

$$\nabla\Delta\varphi_{ij}^{pq}(t_i) = \varphi_{ij}^p(t_i) - \varphi_{ij}^p(t_i)$$

$$= -\frac{f_s^p}{C}[\rho_i^p(t_i + \delta t_i) - \rho_j^p(t_i + \delta t_i)] + \frac{f_s^p}{C}[\rho_i^q(t_i + \delta t_i) - \rho_j^q(t_i + \delta t_i)]$$

$$+ [(\gamma_i^p - r_j^p) - (\gamma_i^q - r_j^q)] + [\varepsilon_i^p(t_i) - \varepsilon_j^p(t_i) - \varepsilon_i^q(t_i) + \varepsilon_j^q(t_i)]$$

$$(5\text{-}13)$$

上式中已消除了 β 项和 α 项。

3. 三次差分

$\nabla\Delta\varphi_{ij}^{pq}(t_i)$（$t_i$ 时刻接收机 i、j 对卫星 p、q 的二次差分）和 $\nabla\Delta\varphi_{ij}^{pq}(t_j)$（$t_j$ 时刻接收机 i、j 对卫星 p、q 的二次差分）求差，则有三次差分 $\delta\nabla\Delta\varphi_{ij}^{pq}(t_i, t_j)$

$$\delta\nabla\Delta\varphi_{ij}^{pq}(t_i, t_j) = \Delta\varphi_{ij}^{pq}(t_i) - \Delta\varphi_{ij}^{pq}(t_j)$$

$$= -\frac{f_s^p}{C}\{[\rho_i^p(t_i + \delta t_i) - \rho_j^p(t_i + \delta t_i)] - [\rho_i^p(t_j + \delta t_j) - \rho_j^p(t_j + \delta t_j)]\}$$

$$+ \frac{f_s^q}{C}\{[\rho_i^q(t_i + \delta t_i) - \rho_j^q(t_i + \delta t_i)] - [\rho_i^q(t_j + \delta t_j) - \rho_j^q(t_j + \delta t_j)]\}$$

$$+ [\varepsilon_i^p(t_i) - \varepsilon_j^p(t_i) - \varepsilon_i^q(t_i) + \varepsilon_j^q(t_i)]$$

$$- [\varepsilon_i^p(t_i) - \varepsilon_j^p(t_i) - \varepsilon_i^q(t_j) + \varepsilon_j^q(t_j)]$$

$$(5\text{-}14)$$

上式中已消除了 γ 项、β 项和 α 项。

上述差分模型有效地消除了各种偏差项，而且对偏差项的具体模型无需提供明确的假设，在实际应用中效果良好，因而是目前 GPS 测量中广泛采用的平差模型。特别是站星二次差分模型更是目前大多数 GPS 基线向量处理软件包中必选的模型。

差分模型适用于相对定位技术。要进行 GPS 网定位（即以各测站的坐标为求解对象），则应直接利用原始相位观测值，为此而提出了非差模型。应当看到，差分模型也存在一些值得重视的缺点，例如：

（1）原始的独立观测量通过求差将引起差分量之间的相关性，这种相关性在平差计算中不应忽视。

（2）在平差计算中，差分法将使观测方程的数目明显减少。

（3）在一个时间段的观测中，为了组成观测量的差分，通常应选择一个参考测站和一颗参考卫星。如果于某一历元对参考站或参考卫星的观测量无法采用，则将使观测量的差分产生困难。参加观测的接收机数量越多，情况将越为复杂。这时将不可避免地损失一些观测数据。因此，应用非差模型进行高精度相对定位的研究已日益受到重视。

二、双差法基线向量解算

以站星二次差分观测值作为平差解算时的观测量，以测站间的基线向量坐标 $b = (\Delta X, \Delta Y, \Delta Z)$ 为主要未知量，建立误差方程，组成法方程进行求解，这就是双差法基线向量的解算。

（一）误差方程

由式（5-6）知，站星二次差分的观测方程为

$$\nabla \Delta \varphi_{ij}^{pq}(t_i) = -\frac{f_s^p}{C}(\rho_i^p - \rho_j^p - \Delta_i^p + \Delta_j^p) + \frac{f_s^p}{C}(\rho_i^q - \rho_j^q - \Delta_i^q + \Delta_j^q)$$

$$+ (\gamma_i^p - \gamma_j^p - \gamma_i^q + \gamma_j^q) + (\varepsilon_i^p - \varepsilon_j^p - \varepsilon_i^q + \varepsilon_j^q) \qquad (5-15)$$

式中 f 为 GPS 信号频率；C 为信号传播速度；ρ 为站星距；Δ 为折射延迟改正；ε 项为信号的测量误差；γ 项表示只与卫星和接收机有关的项，例如载波相位的初始整周模糊度等。

假定 γ 项中只含初始整周模糊度 N，则可令

$$N_{ij}^{pq} = N_i^p - N_j^p - N_i^q + N_j^q \qquad (5-16)$$

并令

$$\varepsilon_{ij}^{pq} = \varepsilon_i^p - \varepsilon_j^p - \varepsilon_i^q + \varepsilon_j^q \qquad (5-17)$$

于是式（5-15）写成

$$\nabla \Delta \varphi_{ij}^{pq}(t_i) = -\frac{f_s^p}{C}(\rho_i^p - \rho_j^p - \Delta_i^p + \Delta_j^p)$$

$$+ \frac{f_s^q}{C}(\rho_i^q - \rho_j^q - \Delta_i^q + \Delta_j^q) + N_{ij}^{pq} + \varepsilon_{ij}^{pq} \qquad (5-18)$$

为了解算出基线向量坐标 $(\Delta X_{ij}, \Delta Y_{ij}, \Delta Z_{ij})$，必须对式（5-18）进行线性化，并引入 $(\Delta X_{ij}, \Delta Y_{ij}, \Delta Z_{ij})$ 这三个量作为未知数。为解算需要，还需设定基线的某一端点为已知点，此处假定 i 点为已知点。

设基线向量 b 的近似值和初始整周模糊度 N_{ij}^{pq} 的近似值分别为

$$(\Delta X_{ij}^0, \Delta Y_{ij}^0, \Delta Z_{ij}^0)^T \text{ 和} (N_{ij}^{pq})^0$$

它们的改正数分别为

$$(\delta X_{ij}, \delta Y_{ij}, \delta Z_{ij})^T \text{ 和} \delta N_{ij}^{pq}$$

则最终有误差方程

$$V_{ij}^{pq} = a_{ij}^{pq}\delta X_{ij} + b_{ij}^{pq}\delta Y_{ij} + c_{ij}^{pq}\delta Z_{ij} + \delta N_{ij}^{pq} + W_{ij}^{pq} \qquad (5-19)$$

其中 $a_{ij}^{pq}, b_{ij}^{pq}, c_{ij}^{pq}$ 为误差方程中改正数系数。

$$W_{ij}^{pq} = a_{ij}^{pq}\Delta X_{ij}^0 + b_{ij}^{pq}\Delta Y_{ij}^0 + c_{ij}^{pq}\Delta Z_{ij}^0 + (N_{ij}^{pq})^0 + \Delta_{ij}^{pq} - \nabla \Delta \varphi_{ij}^{pq}(t_i) \qquad (5-20)$$

（二）法方程的组成及解算

上式（5-19）为任一历元 t_i 测站（接收机）i、j 和卫星 p、q 的双差观测值误差方程。当 t_i 历元在测站 i、j 上同时观测了 S 个卫星，则可列出 $(S-1)$ 个误差方程，相应要引入 $(S-1)$ 个初始整周模糊度未知数，即 t_i 历元共有 $(S-1)+3$ 个未知数。若测站 i、j 对所有 S 个卫星进行了连续观测，则总共有 $m = n(S-1)$ 个误差方程，其中 n 为观测历元个数。将所有误差方程写成矩阵形式有

$$V = AX + L \qquad (5-21)$$

其中

$$\begin{cases} V = (V_1, V_2, \cdots\cdots, V_m)^T \\ X = (\delta X, \delta Y, \delta Z, \delta N_1, \delta N_2, \cdots\cdots, \delta N_{s-1})^T \\ L = (W_1, W_2, \cdots\cdots, W_m)^T \end{cases} \quad (5\text{-}22)$$

$$A = \begin{bmatrix} a_{11} & a_{12} & a_{13} & 1 & 0 & \cdots & 0 \\ a_{21} & a_{22} & a_{23} & 1 & 0 & \cdots & 0 \\ \vdots & \vdots & \vdots & \vdots & \vdots & \cdots & \vdots \\ a_{j1} & a_{j2} & a_{j3} & 1 & 0 & \cdots & 0 \\ a_{j+1,1} & a_{j+1,2} & a_{j+1,3} & 0 & 1 & \cdots & 0 \\ a_{j+2,1} & a_{j+2,2} & a_{j+2,3} & 0 & 1 & \cdots & 0 \\ \vdots & \vdots & \vdots & \vdots & \vdots & \cdots & \vdots \\ a_{2j,1} & a_{2j,2} & a_{2j,3} & 0 & 1 & \cdots & 0 \\ \vdots & \vdots & \vdots & \vdots & \vdots & \cdots & \vdots \\ a_{m-j,1} & a_{m-j,2} & a_{m-j,3} & 0 & 0 & \cdots & 1 \\ \vdots & \vdots & \vdots & \vdots & \vdots & \cdots & \vdots \\ a_{m-1,1} & a_{m-1,2} & a_{m-1,3} & 0 & 0 & \cdots & 1 \\ a_{m,1} & a_{m,2} & a_{m,3} & 0 & 0 & \cdots & 1 \end{bmatrix} \begin{array}{l} \\ \\ \\ \text{第 1 对卫星} \\ \\ \\ \\ \text{第 2 对卫星} \\ \\ \\ \\ \text{第 } S-1 \text{ 对卫星} \end{array} \quad (5\text{-}23)$$

$$j = \frac{m}{S-1}$$

设备类双差观测值等权且彼此独立,即权阵 P 为单位阵,因而可组成法方程

$$NX + B = 0 \quad (5\text{-}24)$$

式中　$N = A^T A, B = A^T L$

于是可解得 X 为

$$X = -N^{-1}B = -(A^T A)^{-1}(A^T L) \quad (5\text{-}25)$$

若 i 点坐标 X_i,Y_i,Z_i 已知,则可求得 j 点坐标为

$$\left. \begin{array}{l} X_j = X_i + \Delta X_{ij}^0 + \delta X_{ij} \\ Y_j = Y_i + \Delta Y_{ij}^0 + \delta Y_{ij} \\ Z_j = Z_i + \Delta Z_{ij}^0 + \delta Z_{ij} \end{array} \right\} \quad (5\text{-}26)$$

基线向量坐标平差值为

$$\left. \begin{array}{l} \Delta X_{ij} = \Delta X_{ij}^0 + \delta X_{ij} \\ \Delta Y_{ij} = \Delta Y_{ij}^0 + \delta Y_{ij} \\ \Delta Z_{ij} = \Delta Z_{ij}^0 + \delta Z_{ij} \end{array} \right\} \quad (5\text{-}27)$$

基线长度平差值为

$$b = \sqrt{\Delta X_{ij}^2 + \Delta Y_{ij}^2 + \Delta Z_{ij}^2} \quad (5\text{-}28)$$

整周模糊度平差值为

$$N_i = N_i^0 + \delta N_i (i = 1, 2, \cdots, S-1) \quad (5\text{-}29)$$

(三) 精度评定

1. 单位权中误差估值

单位权中误差估值 m_0 由下式算得

$$m_0 = \sqrt{\frac{V^T P V}{m - S - 2}} = \sqrt{\frac{V^T V}{m - S - 2}} \tag{5-30}$$

式中 $V^T V$ 中的 V 可将 X 代入式（5-21）求得。此外，$V^T V$ 也可由下式算得

$$V^T V = L^T L + B^T X \tag{5-31}$$

2. 平差值的精度估计

未知数向量 X 中任一分量的精度估值为

$$m_{x_i} = m_0 \sqrt{\frac{1}{P_{x_i}}} \, (i = 1, 2, \cdots\cdots, t, t = S + 2) \tag{5-32}$$

式中 P_{x_i} 为未知数 x_i 的权，可直接由 N^{-1} 中的对角元素求得，即若

$$N^{-1} = \begin{bmatrix} Q_{x_1 x_1} & Q_{x_1 x_2} & & Q_{x_1 x_i} \\ Q_{x_2 x_1} & Q_{x_2 x_2} & & Q_{x_2 x_i} \\ \vdots & \vdots & \cdots & \vdots \\ Q_{x_i x_1} & Q_{x_i x_2} & & Q_{x_i x_i} \end{bmatrix} \tag{5-33}$$

则

$$P_{x_i} = \sqrt{\frac{1}{Q_{x_i x_i}}}$$

于是

$$m_{x_i} = m_0 \sqrt{Q_{x_i x_i}} \tag{5-34}$$

3. 基线长度 b 的精度估值

已知 $b = \sqrt{(\Delta X_{ij}^0 + \delta X_{ij})^2 + (\Delta Y_{ij}^0 + \delta Y_{ij})^2 + (\Delta Z_{ij}^0 + \delta Z_{ij})^2}$

在 $\Delta X_{ij}^0 \Delta Y_{ij}^0 \Delta Z_{ij}^0$ 处展开有

$$b = b_0 + \frac{\Delta X_{ij}^0}{b_0} \delta X_{ij} + \frac{\Delta Y_{ij}^0}{b_0} \delta Y_{ij} + \frac{\Delta Z_{ij}^0}{b_0} \delta Z_{ij} \tag{5-35}$$

式中

$$b_0 = \sqrt{(\Delta X_{ij}^0)^2 + (\Delta Y_{ij}^0)^2 + (\Delta Z_{ij}^0)^2}$$

将式（5-35）写成

$$\delta b = f^T \Delta X \tag{5-36}$$

$$\left. \begin{array}{l} f = \left(\dfrac{\Delta X_{ij}^0}{b_0}, \dfrac{\Delta Y_{ij}^0}{b_0}, \dfrac{\Delta Z_{ij}^0}{b_0} \right)^T \\ \Delta X = (\delta X_{ij}, \delta Y_{ij}, \delta Z_{ij})^T \end{array} \right\} \tag{5-37}$$

ΔX 的协因数阵可由 N^{-1} 中取出，即

$$Q_{\Delta X} = \begin{bmatrix} Q_{\delta X_{ij}} & Q_{\delta X_{ij} \delta Y_{ij}} & Q_{\delta X_{ij} \delta Z_{ij}} \\ Q_{\delta Y_{ij} \delta Y_{ij}} & Q_{\delta Y_{ij}} & Q_{\delta Y_{ij} \delta Z_{ij}} \\ Q_{\delta Z_{ij} \delta Y_{ij}} & Q_{\delta Z_{ij} \delta Y_{ij}} & Q_{\delta Z_{ij}} \end{bmatrix} \tag{5-38}$$

于是

$$Q_{\delta b} = f^{T} Q_{\Delta x} f \qquad (5\text{-}39)$$

而 b 的中误差估值为

$$m_b = m_0 \sqrt{Q_{\delta b}} \qquad (5\text{-}40)$$

基线长度相对中误差估值为

$$m_r = \frac{m_b}{b} 10^6 \quad (\text{ppm}) \qquad (5\text{-}41)$$

第三节　基线处理软件 SKI-pro 简介

　　GPS 测量外业观测过程中，必须每天将观测数据输入到计算机中，并计算 GPS 基线向量，以便及时进行外业观测数据质量的检核。这一计算工作通常是利用仪器厂家提供的随机软件完成，也可以应用国内研制的软件完成。

　　我国现引进的大地型 GPS 接收机多为 Trimble、Ashtech、Leica 和 SOKKIA 系列接收机，相应于这些接收机各有自己的 GPS 数据处理软件包，例如 Trimble 接收机对应的 TG-office 软件包；Ashtech 对应 Solutions 软件包；Leica 对应 SKI-pro 软件包；SOKKIA 对应的 GSP1A 软件包等。这些软件使用方法大致相同，操作也比较方便，正常情况下均可达到标称精度，还具有较为丰富的人工干预措施，使有经验的用户可以精化处理某些不太满意的结果。本节以瑞士徕卡仪器公司 GPS500 系列接收机基线处理软件 SKI-pro 为例，介绍该软件的主要功能模块以及基线处理的基本作业流程。

一、SKI-pro 软件的主要特点和功能模块

　　SKI-pro 是徕卡公司研制的 GPS 后处理软件系统。图 5-3 所示为该软件界面。它可以在 Windows 95、Windows98 或 NT 平台下运行，能够处理所有不同类型的 GPS 数据：双频、单频、伪距、相位、静态、快速静态、准动态、动态、无静态初始化动态（OTF）、混合作业模式，并且可以输入实时数据及合并实时与后处理成果。

Leica SKI-Pro
Version 1.0
Copyright© 1998
Leica Geosystems AG

图 5-3　SKI-pro 软件界面

　　其主要特点是，将快速静态测量技术实用化，并在 GPS200/300/500 接收机上得到了实现，使得在一定长度的 GPS 基线上的测量时间缩短到几分钟。在初始整周未知数解算

的同时，对整周数进行了严格的可靠性分析，使用户在通过 SKI-pro 处理得到的基线向量的同时，还可以得到初始整周数的可靠性指标；采用数据库方式管理数据和计算结果，既避免了数据的重复加工，又保证了在各个计算环节上数据的统一性和完善性。例如，通过数据库内部管理数据，可以做到坐标的自动传递，从而保证全网各基线在解算时采用起算坐标的一致。除此之外，软件在各个数据处理环节上都设置了多层次的人工干预接口和数据分析信息，适合各种熟练程度的使用者采用和参考，极大地方便了用户。

SKI-pro 软件的主要功能模块包括：系统设置、测量作业计划编制、项目管理、输入输出管理、多基线平差处理、数据调阅及编辑等。该软件包还有坐标变换与地图投影、数据标准化交换格式两项选件。其主要功能见表 5-1。

SKI-pro 软件的主要功能模块 表 5-1

模 块 名	主 要 功 能
Configuration 系统设置	输入输出单位的设置 打印表头等用户设置
Preparation 测量准备工作	输入、修改、删除测站信息；进行卫星可见性预报、显示打印相应图表，便于卫星有利观测时段的选择
Project 项目管理	进行项目数据管理（建立、打开、复制、移动、删除）；项目数据的更新；项目标题、时区以及有关限值的设定
Import 输入输出管理	数据文件的传输和管理、数据备份制作、生成 RINEX 格式；将数据分配给指定项目
Data Processing 基线数据处理	WGS-84 系统基线平差处理，支持各种作业模式的观测数据选择（工作区选择和解算参数选择）；多基线平差处理（单点定位、基线双差解算、残差计算）；成果存贮
View/Edit 数据调阅 数据编辑	图解及数值形式调阅并修改指定项目的数据（点号、点名等说明注记、天线高、初始坐标等）；显示已解算基线的点位误差；放大和打印网图
Datum/Map 坐标变换与地图投影选件	进行坐标变换和地图投影计算（内含点位坐标集合、常用椭球、投影系统、转换参数库）
Adjustment 网平差选件	进行 GPS 网的平差

二、SKI-pro 软件基线处理的基本流程

SKI-pro 软件进行基线处理的思路，主要包括以下几个部分，如图 5-4 所示：

（一）建立新的项目数据库

SKI-pro 软件运行后，首先应结合所进行的测量工程项目建立相应的项目数据库，以避免不同项目的数据相互混淆。操作时要求输入新建库所在的盘号及目录名和项目数据库名称，作为今后使用和输出时的标识，一般以项目取名，便于记忆和区别。新建库成功后，当前打开的库自动转为新建库，随后的各项操作都在该库中进行。

（二）提取并分配观测数据

观测数据一般包括相位观测数据文件和卫星星历数据文件以及测站信息。它的提取有四种方式：控制器输入、读卡机输入、备份文件输入以及 RINEX 格式输入。这些读入内存的数据还需要分配到相应的项目数据库中，为基线的处理做好准备。

（三）设置基线解算的参数

为了基线解算的方便，软件针对一般条件下的解算需要，设置了解算参数的缺省值，

在手工处理时，为了满足一些特殊的需要，可以对一些解算参数进行修改设置。可修改的参数主要有：

Cut-off angle 卫星截止高度角。

Tropospheric model 对流层改正模型。

Ionospheric model 电离层改正模型。

Ephemeris 采用星历（广播星历和精密星历）数据。如果选精密星历时，必须事先将观测期间的精密星历数据加入到项目库中，即输入精密星历所在的磁盘路径及文件名。

Data use 选择采用哪类观测数据。有三种类型可选择，即：码、相位和码加相位。

Frequency 选择采用哪个频率上的数据。有三种数据可供选择，即：L1、L2、L1 + L2。

Limitation 选择整周未知数解允许的最大基线长度，一般为 20km，即超过 20km 的基线将不解初始整周数。

aprioriorms 设置先验的单位权中误差。在基线解算时，如在确定初始整周未知数后，单位权中误差大于此值，则认为初始整周数解算不成功。

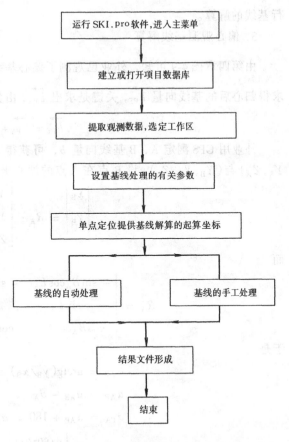

图 5-4 SKI-pro 基线处理软件的基本流程图

（四）基线解算

完成上述各项准备工作后，就可选定工作区，定义计算模式，进行下列数据处理：

1. 伪距单点定位

为了保证基线解算具有足够的精度，《GPS 测量规范》规定：进行 C 级及以下测量时，起算点的 WGS-84 地心坐标精度应不低于 25m，进行 B 级测量时，应不低于 3m。为此，如果测区内有符合要求的已知点（如 A、B 级网点）更好，否则可选用软件本身提供的单点定位模式来解决。

正确且较为简便的方法是在全网中选择一个设站时间较长的测站观测数据进行单点定位，得到优于 20m 的起算坐标，将该坐标存入数据库。其他参考站的起算坐标可以通过基线向量的传递获得，这样可以保证全网采用统一的起算坐标。

2. 多基线解算

在选定的工作区内，选择一个或一个以上的测站作为参考站，再选择一个或一个以上的测站作为流动站，参考站必须与流动站间有同步观测数据。凡在已选择参考站与流动站间有同步观测数据时，都将自动构成基线进行处理。一个流动站可以同时与多个已选择的参考站构成基线。每条基线选择了参考站和流动站后，即可选择 Compute 项，软件自动进行基线的解算。

3. 偏心观测基线解算

由第四章图 4-9 可知，外业已观测了偏心基线向量 $\vec{b}_{AT}$，并测出了偏心元素和高差，欲求得归心后的基线向量 $\vec{b}_{PT}$，关键是求出 $\vec{b}_{PA}$，由矢量运算法则得

$$\vec{b}_{PT} = \vec{b}_{PA} + \vec{b}_{AT} \tag{5-42}$$

外业用 GPS 测定 A、B 基线向量 b，可获得 A、B 两点的 WGS-84 空间直角坐标（X_A，Y_A，Z_A）与（X_B，Y_B，Z_B），设 B 点在 A 点的站心坐标系中的坐标为（x_B，y_B，z_B），则有

$$\begin{vmatrix} x_B \\ y_B \\ z_B \end{vmatrix} = R_A \cdot \begin{vmatrix} X_B - X_A \\ Y_B - Y_A \\ Z_B - Z_A \end{vmatrix} \tag{5-43}$$

而

$$R_A = \begin{vmatrix} -\sin B_A \cos L_A & -\sin B_A \sin L_A & \cos B_A \\ -\sin L_A & \cos L_A & 0 \\ \cos B_A \cos L_A & \cos B_A \sin L_A & \sin B_A \end{vmatrix} \tag{5-44}$$

于是

$$\alpha_{AB} = \text{arctg}(y_B / x_B)$$
$$\alpha_{AP} = \alpha_{AB} - \theta_A$$
$$\alpha_{PA} = \alpha_{AP} + 180 = \alpha_{AB} - \theta_A + 180$$

$$\therefore \vec{b}_{PA} = \begin{vmatrix} e_A \cos\alpha_{PA} \\ e_A \sin\alpha_{PA} \\ h_{PA} \end{vmatrix} \tag{5-45}$$

将 $\vec{b}_{PA}$ 结果代入式（5-42）即可解算出归心改正后的基线向量。在 SKI-pro 软件操作中，只需调用天线高编辑窗口将 $\vec{b}_{PA}$ 值输入到指定位置，即可自动完成归心计算。

（五）输出结果文件

基线解算完毕可以查看基线解算结果。软件将列出已解算的基线坐标分量的中误差，及初始整周未知数是否解算成功的标志（Y 或 N）；在结果文件里可查看基线更详细的信息，如观测数据质量、测站信息及初始整周解算的可靠性分析、周跳和失锁记录信息等；可将基线结果存入数据库或以 Ascll 文件存盘输出，用户也可以自己定义数据的输入与输出格式。

三、RINEX 数据交换格式

不同厂家生产的接收机都定义了自己的数据存贮格式，采用自己的基线处理软件，如果要用不同厂家的接收机进行相对定位或者用某厂的接收机随机软件来处理另一厂的接收机观测数据，就会出现若干麻烦。

解决这一问题的理想途径就是定义一种统一的与接收机无关的数据交换格式，即由 Bernie 大学天文研究所定义的 RINEX 文件格式。这一文件可以用自己开发的软件生成，也可以用接收机随机软件生成。

SKI-pro 软件中 RINEX 文件功能模块是可选的，这个选项允许用户以 RINEX 格式输入数据，并用 SKI-pro 软件处理数据。

第四节　基线向量解算结果的分析

前面已经介绍了基线解算的双差分数学模型，在实际基线向量处理时，模型要比前面讨论的复杂得多。例如，要顾及时段中信号间断引起的数据剔除问题；劣质观测数据的发现及剔除；星座变化引起的整周模糊度 N 的增加问题。此外，还应考虑如何进一步消除偏差影响。例如，对天顶方向电离层模型参数和对流层改正数的残余误差进行估计校正，甚至对接收机时钟特征值也可以进行重新评估。因而，GPS 基线向量处理程序是一个非常庞大的软件包，其质量和处理的自动化程度成为广大用户十分关注的要点。

基线处理完成后应对其结果做以下分析：

一、残差分析

平差处理时假定观测值仅存在偶然误差，当存在系统误差或粗差时，处理结果将有偏差。因此，有必要对观测值残差分布情况进行分析。

理论上，载波相位观测精度为 1%（甚至 1‰）周，即对 L1 波段信号观测误差只有 2mm（甚至 0.2mm）。因而，当偶然误差达 1cm 时应认为观测值质量存在较严重的问题；当系统误差达分米级时应认为处理软件的模型不适用；当残差分布中出现突然的跳跃或尖峰时，则表明周跳未处理成功。

观测值残差分布不合理将体现在平差后的单位权中误差估值上，一般要求在 0.05 周以下（与距离长短有关），否则表明观测值中尚存在某些问题。它们可能是下述原因引起的：

1. 存在劣质（即低精度）观测值（通常受多路径干扰、外部无线电信号干扰、接收机时钟不稳定等因素）；

2. 观测值改正模型不适宜或差分处理后存在未被模型化的误差，这主要应考察电离层和对流层改正模型的精度及适用性；

3. 周跳未被完全修复而观测值中有粗差；

4. 整周模糊度解算不成功使观测值存在系统误差。

某些商用随机软件可以用图或表的形式给出在一个时段内每颗非基准星与基准星之间双差观测值的残差。若每颗卫星的残差图形都始终稳定在纵坐标为零周附近，随时间变动而形成一条较平直的细带，则比较理想。若某颗非基准星的残差线起伏较大，则表明该非基星的单差可能有问题，可考虑删去该星；若所有的残差线都不好，很可能是基准星的问题，可改用另一颗卫星作为基准星。

二、处理结果精度的自评

1. 验后单位权方差检验

通过对验后单位权方差进行检验，看是否与理论值相近。检验未通过的原因通常有以下几个方面：其一，观测值的问题；其二，起算数据的问题，它包括作为基准数据的卫星星历精度和基线固定端点的坐标精度。当观测卫星数较多（通常要求多于 4 颗）时，星历误差将会偶然化，因而定位时要求有 4 颗以上卫星且分布较好。固定点坐标精度要求在

±20m 以内以便获得 $1 \sim 2 \times 10^{-6}$ 的相对定位精度（基线较长时将要求在 ±5m 以内）。

2. 基线长度的精度

要求处理后基线长度中误差在根据标称精度计算的精度值内。目前大多数商用软件的基线长度标称精度公式为 $0.5 \sim 1cm + 1 \sim 2 \times 10^{-6} \times D$。

对于短基线（20km 以内），单频数据通过差分处理可有效地消除电离层影响，从而确保相对定位结果的精度。当基线长度增长时，应使用双频接收机以有效地消除电离层的影响，尤其是在太阳活动高峰期，其结果将明显优于单频数据的处理结果。据研究，基线长度在 20km 左右时，仅用单频数据处理的基线长度在正常年份比真值小 $0.5 \sim 0.7 \times 10^{-6}$ 左右，在太阳活动高峰期的一二月份，中午时可能达 $3 \sim 5 \times 10^{-6}$。

3. 双差固定解与双差实数解之间的差值

理论上整周模糊度是一整数，但平差解算得的是一实数，由此而得的结果称为双差实数解。将实数（整周模糊度未知数）确定为整数，在进一步平差时不作为未知数求解，这样的结果称为双差固定解。

对于短基线（例如，小于 20km），当静态观测 1h 以上时，由于随时间而变化的一些系统性偏差，诸如电离层效应、多路径效应等将会大大地减弱；同时由于在较长的观测时间里，所观测卫星的几何分布的较大变动也会改善参数的确定精度，因而可以较精确的确定整周模糊度，其解算结果将优于实数解，但两者之间的基线向量坐标应符合良好（通常要求向量坐标差小于 5cm）。当双差固定解与实数解的向量坐标差达到分米级时，则处理结果可能有问题，其原因多为观测值质量不佳。对于长基线来说，由于电离层折射误差、卫星轨道误差等的影响难以有效地消除；整周模糊度参数的求解精度往往很低；整数解向量优化搜索的方法往往失效，此时勉强取整对于相对定位精度有损无利。因而，以双差浮动解为佳。

所有基线解算完毕后，要进一步评定其质量，还应当看环线坐标增量闭合差和全长相对闭合差，参见第四章介绍。

三、提高基线向量解算质量的方法

利用 GPS 随机商用软件进行基线向量解算，一般情况下，可以按照自动解算方法进行。有时也会遇到某个观测时段或某条基线自动解算结果的质量不理想的情况。其产生的原因是多方面的，既有可能是数据处理软件本身的不完善性，也有可能是所采集的数据质量欠佳。对于后者，无疑得把有问题的数据剔除掉，甚至返工重测；而对于前者，就得寻找原因，寻求解决的办法。

目前，由于 GPS 数据处理技术仍处于研究、发展阶段，其中尚有若干问题未能圆满解决。因而，软件所采用的数据处理模型、方法及算法恰当与否，直接关系到成果质量。为此，各商用软件为了弥补自身在数据处理技术上的不足，相应开发出许多人工干预的功能，以供用户选择。用户应用这些功能，将有利于提高 GPS 基线解算结果的精度和质量。尤其是数据质量欠佳的基线，做些特殊处理常常可望达到理想的结果。人工干预的主要措施有：

（一）提高单点定位解的精度

由 GPS 定位原理可以知道，基线解算时必须固定一个点的坐标，该固定点坐标在 WGS-84 坐标系中的精度，将会对基线解算结果的精度产生影响。表 5-2 列举了用 SKI-pro

软件解算某条长约 10.3km 的基线,解算时人为地给固定点各坐标分量加入一误差,得到基线向量差值情况。一般采用如下三种方案:

方案Ⅰ: + 3″(N、E)、+ 90m(H);
方案Ⅱ: + 1.5″(N、E)、+ 45m(H);
方案Ⅲ: + 0.5″(N、E)、+ 15m(H)。

表中 W 定义为基线向量环全长闭合差, $\bar{W}$ 定义为全长相对闭合差。因此,要进行精密控制测量,固定点误差的影响是不容忽视的。根据现有的条件,要准确地获得一个点的 WGS-84 坐标系的坐标还有困难。目前,用 C/A 码伪距定位的精度约为 50m,并且与观测时间的长短有关。为此,在尚未精确地获得地方坐标系与 WGS-84 系的转换参数的情况下,要提高固定点位置的精度,通常可采用以下做法:

起算点不同精度对基线解算结果的影响　　　　　　　　　　表 5-2

方案	Δdx（mm）	Δdy（mm）	Δdz（mm）	ΔS（mm）	W（mm）	$\bar{W}$（10^{-6}）
Ⅰ	− 19.4	− 42.9	+ 29.1	− 33.7	55.3	2.68
Ⅱ	− 10.6	− 28.6	+ 14.8	− 18.1	33.9	1.64
Ⅲ	− 3.4	− 7.9	+ 6.8	− 6.1	11.0	0.53

1. 尽量采用已知的 A 级和 B 级网点坐标。我国已通过国家 GPS 联测和 A 级网会战,建立了高精度的 GPS A 级网,其点位坐标分量精度均在 0.2m 以内。另外,国家 B 级网亦已完成数据处理,这些网点坐标要充分利用。

2. 选择测区中心部位的某点独立观测三次以上,每次观测时段大于 2h,取多次伪距定位单点解的平均值作为全网基线解算的起算点,其他各点的坐标由此点递推而得。

(二)更换参考星和优选组星

商用软件对基线的数据的自动解算,一般选择观测开始时段的某颗高度角较大的卫星作为参考星。可在观测时段内,有可能所选中的参考星是一颗正在降落或信噪比较大、数据质量欠佳的卫星。因此,对成果质量不理想的基线进行分析,应根据相位差分的残差曲线图及卫星高度角的变化来判断参考星的选择是否有问题。同时,影响基线结果质量的因素既有可能是纳入了数据质量不好的某颗或几颗卫星,也有可能是观测过程中出现过卫星失锁的现象。为此,有必要采取人工干预的措施来进行处理。卫星的筛选得顾及卫星方位的分布及几何图形强度因子 GDOP 值的变化,不能盲目删除卫星,因为去掉一颗卫星就意味着卫星的方位分布合理性及 GDOP 值将发生变化。另外,也有可能是参考星及组星的综合影响。

下面是一个生产实践中的典型实例。用 3 台 GSS1 型单频接收机同步观测了一个如图 5-5 所示的闭合环,观测时间为 1994 年 4 月某天的 13h16min ~ 15h16min(地方时),数据采样间隔 15s,高度角限值为 15°,时段内 GDOP 值为 3.2 ~ 7.2,卫星数较多,先后共有 8 颗星,其相应的卫星方位角和高度角随时间的变化如图 5-6 所示。22 号星从开始至 14h32min 消失,15 号星从 14h06min、27 号星从 14h34min 开始锁住,其他 5 颗星从始至终均锁住。

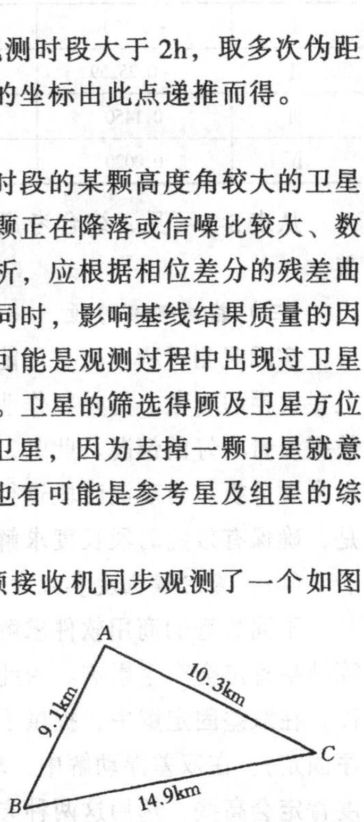

图 5-5 同步观测闭合环示意图

图 5-6 观测时段内可
见卫星分布图

基线自动解算时，成果质量不理想，三条基线解算时的残差曲线图均波动较大，且全长相对闭合差为 7.83×10^{-6}，所选参考星为 18 号星。从图5-6可见，31 号星在整个观测时段内高度角均较好，而 18 号星为一颗正在下降的星，22 号星中途消失，27 号星中途升起被观测的时间不算太长，15 号星也为一颗中途升起的星，但观测时间有 70min；从方位分布来看，仅 $90° \sim 180°$ 方向较差，只有 15 号星。为此，分别按以下四种方案进行分析，结果列于表 5-3。

方案 I：自动解算。参考星为 18 号，组星为 22、29、31、28

方案 II（一）：更换参考星。参考星为 31 号，组星为 22、29、18、28

方案 II（二）：更换参考星。参考星为 31 号，组星为 22、29、18、28、19、15、27 号。

方案 III：优选组星。参考星为 18 号，组星为 29、31、28、19、15 号。

方案 IV：综合方案 II 和方案 III。参考星为 31 号，组星为 29、18、28、19、15 号。

不同方案同步环的解算结果　　　　　　　　　　　　　　　表 5-3

方　案	$\sum dx$ (m)	$\sum dy$ (m)	$\sum dz$ (m)	W (m)	$\overline{W}$ (10^{-6})
I	-0.1701	-0.0394	0.2042	0.2687	7.83
II	-0.25259	-0.2173	-0.0703	0.3408	9.93
III	0.1450	-0.1918	0.0387	0.2435	7.10
IV	0.0020	-0.0081	0.0026	0.0087	0.25

从表 5-3可见，综合考虑更换参考星及组星，同步观测环成果的质量得到了显著改善。

（三）裁减观测时段

实际观测过程中，有可能受外界条件的干扰，影响天线对信号的接收，还有可能出现卫星失锁的现象。另外，作业员未按调度命令执行而提前开机和推迟关机，出现部分时段数据质量不好的情况。此时，就有必要根据外业观测手簿的记录及自动解算结果提供的信息来做分析，对观测时段进行裁减，选取最佳有利数据时段。在裁减时段中需注意的一点是，确保有效的时段长度求解整周模糊度参数。

（四）固定模糊度参数方式的选择

不同类型的商用软件求解整周模糊度参数的模型、算法均有差异，因而对基线数据解算结果肯定会产生影响。为此，有些商用软件为用户提供了一些备选功能，如 SKI-pro 软件，在双差固定解中，提供了两种固定模糊度的方法：Simult（同时固定）和 Sequent（顺序固定）。在双差浮动解中，求得的整周模糊度为一实数估值，对于短基线，其估值的精度肯定会高些，选用这两种方式固定模糊度差异不大；而对于长基线，由于误差的相关性减弱，许多误差消除不够彻底，估值的精度必定较差，因而，两种方式固定模糊值的结果必定有差异。表5-4列出了5条基线选用这两种固定方式解算时的结果差值。

两种固定模糊度方式解算时的结果差值　　　　　表 5-4

基　线	S (km)	Δdx (m)	Δdy (m)	Δdz (m)	ΔS (m)
1	0.57	0	0	0	0
2	0.71	− 0.0001	0	0	0.0001
3	9.07	0.1467	− 0.0303	0.0918	0.0949
4	10.33	0.1645	− 0.0317	− 0.0978	0.1408
5	14.92	0.0615	− 0.0202	− 0.1594	0.1156

　　从表 5-4 可见，两条短基线解算的效果均较好，差值甚微；而三条长基线差值较大，该项的影响是显著的。因此，实践中应加强检核来考虑选择何种解算方式。

（五）大气延迟模型方式选择

　　大气延迟误差包括两项：一项是对流层延迟误差；另一项是电离层延迟误差。由于大气的变化非常复杂，通过地面观测的气象要素来进行数学模拟，一定会有偏差，现有的改正模型有多种，至于采用何种模型更切合实际，要因情况而定。如 SKI-pro 软件为对流层延迟改正提供了五项选择：Saastsmoinen 模型，Hopfield 模型，Modifield 模型，EssenFroome 模型和 Notroposphere 模型。用户通常采用 Hopfield 模型。电离层延迟误差改正取决于双频与单频接收机。现今的研究表明，双频接收机改正的有效性可达 98% 以上，而单频接收机利用广播的电离层参数改正有效性较差，但不管怎样，还是进行这项为好。

　　表 5-5 比较了一个单频接收机同步观测环进行电离层延迟改正与不改正的效果。

电离层延迟改正与否的结果　　　　　表 5-5

方式选择	$\sum S$ (km)	$\sum dx$ (m)	$\sum dy$ (m)	$\sum dz$ (m)	W (m)	$\overline{W}$ (10^{-6})
改　正	34.32	0.0010	− 0.0049	0.0002	0.0050	0.15
不改正	34.32	0.0599	− 0.0152	0.1603	0.1718	5.01

　　实际作业中，如果不测定大气气象元素，则软件按约定值进行大气延迟改正。实践表明，较长基线应实测气象元素。

（六）卫星高度角限值和观测值残差限值的设置

　　无论是外业采集数据还是内业基线向量解算，均可设置卫星高度角的限值，其目的是因为低高度角的卫星信号强度较弱，受大气影响较严重，数据质量较差。通常限值设置为15°，过高的限值会影响定位的几何图形强度。

　　基线数据解算时，为了免受粗差的影响，相位观测值的残差应在某一限值之内，若超出限值，则就怀疑此观测值有问题，应将其淘汰掉。一般用三倍中误差法（3 Rms）作为限值标准。

　　综上所述，GPS 基线向量的解算，首先应按自动解算方式进行，如果观测条件较好，一般解算结果是令人满意的。对于自动解算结果不理想的基线，可以根据外业数据采集的实际情况，全面考察基线结果文件中提供的有关信息进行手工处理，一般情况下可以获得较好的效果，如果仍不能满足要求，就必须进行外业返工。

思　考　题

1. GPS 数据处理一般分为哪几个步骤？每一个步骤的主要作用是什么？
2. 基线解算为什么多选择双差分模型？
3. 简述利用 SKI-pro 软件进行基线解算的操作流程。
4. 简述提高基线解算质量的一般途径。

第六章　GPS基线向量网平差

应用 GPS 技术建立测量控制网，通常采用载波相位的相对定位方法。两个测站点的同步观测卫星数据，在 WGS-84 坐标系中经过平差计算，可以解算出两点间的三维基线向量 $b_{ij} = (\Delta X_{ij}, \Delta Y_{ij}, \Delta Z_{ij})$ 及其方差协方差阵 D_{ij}，对于多个测站或整个测区可以解算出众多的基线向量。如果将不同时段观测的基线向量互相联结，就可以组成 GPS 基线向量网。GPS 基线向量网的平差是以 GPS 基线向量为观测值，以其方差阵的逆阵为权，进行平差计算，消除其图形闭合差，求定各 GPS 网点的坐标并进行精度评定。

我们知道，不同的测量成果均对应于不同的坐标系。GPS 定位结果属于 WGS-84 坐标系，而常规地面测量成果则属于国家大地坐标系或地方独立坐标系。为建立 GPS 定位结果与常规地面测量结果之间的关系，便两者之间在坐标、边长、方位上达到兼容一致，具有可比性，还必须研究 GPS 定位结果的坐标转换问题。

GPS 网的平差可以分为三种类型：一是经典的自由网平差，常称为无约束平差，即固定网中某一点坐标的平差；二是附合网平差，常称为约束平差，即以国家大地坐标系或地方坐标系的某些点的坐标、边长和方位角为约束条件，顾及 GPS 网与地面网之间的转换参数而进行的平差；三是 GPS 网与地面网联合平差，即除了 GPS 基线向量观测值和约束数据以外，还有地面网观测值如边长、方向和高差等，将这些数据一并进行平差。附合网平差和联合平差一般是在国家坐标系或地方坐标系内进行，平差完成后网点的坐标已属于国家坐标系或地方坐标系，因而这两种平差方法是解决 GPS 成果转换的有效手段。

GPS 网的平差可以选择三维平差模型，也可以选择二维平差模型。由于平差模型不同，平差结果也会不完全相同。当进行二维平差时，应首先将三维基线向量及其方差阵转换至二维平差计算面。

第一节　GPS定位的坐标系统

GPS 是基于时间同步的几何定位测量系统，其定位涉及对卫星位置与地面点位的描述。因此，有了 GPS 时间系统还必须建立 GPS 坐标系统，二者紧密结合，才是解决定位问题的基础。

一、定位坐标系的类型与形式

描述空间位置的坐标系有两大类：一类是与地球自转无关的空间固定坐标系，主要用于对天体位置描述，如对恒星、行星、人造地球卫星的定位描述，称之为天球坐标系。另一类是与地球自转相关，和地球固联在一起的地固坐标系，主要用于表述地面（地下，空中）点的位置关系，称之为地球坐标系。经典大地测量和 GPS 测量的定位描述就属于这一类，不过经典大地测量采用的是其中的参心坐标系，而 GPS 测量采用的是其中的地心坐标系。

上述每一种坐标系都有空间直角坐标系和球面坐标系两种表现形式，下面分别作介绍。

（一）天球坐标系

为了便于研究天体的位置，这里引入天球的概念：假设以地球为中心，无穷大为半径，所作的圆球称为天球。将各个天体投影到天球的球面上的位置称为天体的视位置。天球坐标系如图 6-1 所示。

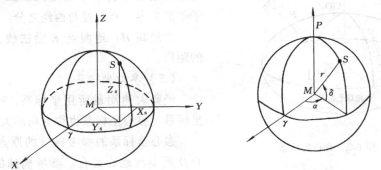

图 6-1　天球坐标系

1. 天球直角坐标系形式

坐标原点：地球质心 M。

Z 轴：由地心指向天球的北极 P 为正方向。

X 轴：由地心指向春分点 γ 为正方向。

Y 轴：与 X 轴、Z 轴正交并构成右手坐标系。

天体的空间直角坐标以（X_s，Y_s，Z_s）表示。

2. 天球球面坐标系形式

球面坐标系以地球质心为原点；以过春分点 γ 和天极的子午面为经度起算面；天球赤道面与地球赤道面重合，赤道面是纬度起算面。

天体的坐标以赤经 α、赤纬 δ、向径 r 表示。

赤经 α：过天体的天球子午面与起算子午面的二面角，量值范围为：0h ~ 24h。

赤纬 δ：原点到天体连线与赤道面的夹角，量值范围为：0° ~ ±90°。

（二）地心坐标系

1. 地心空间直角坐标系形式

坐标原点：地球质心 O_G。

Z_G 轴：指向国际协议地极原点 CIO。

X_G 轴：指向格林尼治本初天文子午面（即国际时间局 BIH 所定义的子午面）与地球平赤道的交点 E。

Y_G 轴：垂直于 $X_G O_G Z_G$ 平面，并构成右手坐标系。

地面点 K 的空间直角坐标以（X_K，Y_K，Z_K）表示，地心坐标系如图 6-2 所示。

2. 地心大地坐标系形式

地心大地坐标系的椭球中心与地球质心 O 重合，椭球短轴与 Z_G 轴一致，而且起始的大地子午面与 $Z_G O_G X_G$ 面重合，即这种坐标系的三个坐标轴与地心空间直角坐标系的三轴相重合。

地面点 K 的大地坐标以（B、L、H）表示。

大地纬度 B：过地面点 K 沿椭球法线方向线与赤道面的夹角。以赤道面为界，有北纬、南纬之分。

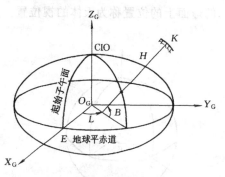

图 6-2　地心坐标系

大地经度 L：过地面点 K 的椭球子午面与过格林尼治本初子午面之间的二面角。以本初子午面为界，有东经与西经之分。

大地高 H：地面点 K 沿法线方向到椭球面的距离。

（三）参心坐标系

经典大地测量所用坐标系，一般都是参心坐标系，参心坐标系也称为局部大地坐标系。

参心坐标系的参考椭球的原点 O 接近于地心 O 而不与地心重合。参考椭球的短轴要求与地心坐标系的 Z 轴平行，参考椭球的起始大地子午面也要求与格林尼治本初子午面平行。由于参考椭球在大地原点进行定位和定向时，存在有不可避免的观测误差。因此，上述要求只能近似达到，而不能充分满足，如图 6-3 所示。

1. 参心空间直角坐标系

设参心空间直角坐标系的原点位于 O_T，Z_T 轴与参考椭球的短轴重合，X_T 轴指向起始大地子午面与参考椭球赤道的交点 e，而 Y_T 轴垂直于 $X_T O_T Y_T$ 平面，并构成右手坐标系，任意一点 K 的位置用（X_K，Y_K，Z_K）表示。

2. 参心大地坐标系

这种坐标系的坐标轴与参心空间直角坐标系 $O_T - X_T Y_T Z_T$ 的坐标轴相重合。只是任意一点 K 的位置用（B，L，H）表示。其中 B，L，

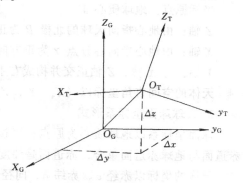

图 6-3　参心坐标系

H 相应为 K 点相对于参考椭球的大地纬度，大地经度和大地高。

二、WGS – 84 世界大地坐标系

WGS – 84（World Geodetic System，1984 年）是美国国防部研制确定的大地坐标系。该坐标系的几何定义是，原点在地球质心，Z 轴指向 BIH1984.0 定义的协议地球极（CIO）方向，X 轴指向 BIH1984.0 的零子午面和 CTP 赤道的交点，Y 轴与 Z 轴构成右手坐标系。由定义可知，WGS-84 属于协议地球坐标系，如图 6-4 所示。

对应于 WGS-84 大地坐标系有一个 WGS-84 椭球，其椭球参数采用国际大地测量和地球物理联合会（IUGG）1980 年第十七届大会大地测量参数的推荐值。4 个基本常数为

长半轴　　$a = 6378137 \text{m}$

扁率　　$\alpha = 1 : 298.257$

地球引力常数　　$GM = 3.986005 \times 10^{14} \text{m}^3/\text{s}^2$

地球自转角速度　　$\omega = 7.292115 \times 10^{-5} \text{rad/s}$

WGS-84 坐标系于 1985 年开始启用，现在的卫星定位系统、GPS 定位系统等的广播星历和精密星历，以及接收机的数据处理都是采用 WGS-84 坐标系的地心坐标。

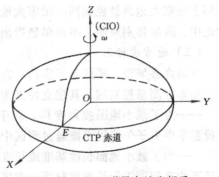

图 6-4　WGS-84 世界大地坐标系

三、我国的国家坐标系和地方坐标系

椭球定位定向后，常用椭球的长半径 a 和扁率 α 来表示椭球的几何参数。我国目前所用的国家大地坐标系有：1954 年北京坐标系和 1980 年国家大地坐标系，除此以外，还有地方独立坐标系。

（一）1954 年北京坐标系

建国初期，为了迅速开展我国的测绘事业，迫切需要建立一个参心大地坐标系，鉴于当时的实际情况，1954 年由总参测绘局建议，在国家测绘局等有关单位支持下，将我国一等锁与原苏联远东一等锁相连接，采用克拉索夫斯基椭球参数（$a = 6378.245\text{m}$，$\alpha = 1:298.3$），大地原点以原苏联的普尔科夫为坐标原点起算，平差我国东北及东部区一等锁，这样传算过来的坐标系就定名为 1954 年北京坐标系，我们称为旧 1954 年北京坐标系。

随着新建立的 1980 年国家大地坐标系的启用，原有的各种比例尺旧地形图在新坐标系中使用就存在一个很重要的问题，即在新旧图拼接上会出现明显裂隙；而几十年来，我国测绘人员经过艰辛工作而完成的各种旧坐标系地图已基本覆盖全国，如弃之不用，就会给国家造成巨大经济损失，同时也不可能在短期内重新完成这项工作，这就产生了所谓的新 1954 年北京坐标系。

新 1954 年北京坐标系是将 1980 年国家大地坐标系内的空间直角坐标系经三个平移参数变换至克拉索夫斯基椭球中心得到的，新旧坐标接近，其精度与 1980 年国家大地坐标系精度完全一样，克服了旧 1954 年北京坐标系是局部平差的缺点，使得用图较多的 1:5 万新旧地图拼接不会产生明显的裂隙，具有较好的经济效益。

（二）1980 年国家大地坐标系

1978 年 4 月在西安召开了"全国天文大地网整体平差会议"，对 1954 年北京坐标系在椭球参数不够精确，起始大地子午面不是国际时间局 BIH 所定义的格林尼治平均子午面和该坐标未经整体平差是局部平差值等缺点，进行了一系列的讨论和研究，会后一致认为，我国天文大地网平差要在新的坐标系中进行。为此，1980 年国家大地坐标系（参心坐标系）：大地原点设在我国中部的陕西泾阳县永乐镇，目的是为推算坐标的精度比较均匀，大地点高程以 1956 年青岛验潮站求出的黄海平均海水面为基准，椭球参数采用 IUGG 1975 年第十六届大会推荐的参数。

长半轴　$a = 6378140\text{m}$

扁率　$\alpha = 1:298.257$

地球引力常数　$GM = 3.986005 \times 10^{14}\text{m}^3/\text{s}^2$

地球自转角速度　$\omega = 7.292115 \times 10^{-5}\text{rad/s}$

国家大地测量控制网的定位、定向完全取决于它所依据的参考椭球的定位、定向。在实用上国家大地测量控制网与国家大地坐标系可以认为是含有相同的两个名称，在以下的讨论中，除非特别声明，不再单独指出。

（三）地方坐标系

我国许多城市、矿区基于实用、方便和科学的目的，在城市控制网和工程控制网中经常使用地方测量控制网，其建立特点为：

——为了减小地图投影变形，对于高斯平面系统或 UTM 系统，采用任意投影分带，即投影带中央子午线尽可能通过测区中央，取值是任意的。

——为了减小地面长度基准或长度测量值的高斯投影面归算时的长度变形，一般引入测区平均高程面进行长度值归算，测区平均高程面对应的大地高为

$$H_m = h_m + \zeta \tag{6-1}$$

式中 h_m 为平均海拔高程；ζ 为测区的高程异常值。许多情况下，ζ 往往被人为地忽略了，这将引起系统的尺度误差约为

$$ds/s = \zeta/(H_m + N) \approx \zeta/a \tag{6-2}$$

当 $\zeta = 60m$ 时，由于这种忽略引起了尺度定义不完善的误差达 10×10^{-6}。

地面长度量测值 S，测区平均高程面 H_m 和测区中央子午线 L_0 的选择，共同定义维持了地方测量控制网的长度基准。

仔细地分析研究这些地方测量控制网可以发现，这些控制网是以地方坐标系为参考的。地方坐标系隐含着一个与当地平均海拔高程面相对应的参考椭球，该椭球的中心、轴向和扁率与国家参考椭球相同，其长半径则有一个改正量，我们将该参考椭球称为"地方参考椭球"。下面将讨论二者之间的关系。

（四）国家参考椭球和地方参考椭球间的关系

设某地方坐标系位于海拔高程为 h 的曲面上，该地方的大地水准面差距为 ζ，则该曲面离国家参考椭球的高度为

$$dN = h + \zeta \tag{6-3}$$

根据假定，两椭球的中心一致，轴向一致，扁率相等，仅长半径有一变化值 da，即有

$$dN/N = da/a \tag{6-4}$$

$$da = (a/N) \cdot dN$$

此处 a 为国家参考椭球长半径，N 为相应于该椭球的地方控制网原点处的卯酉圈曲率半径。于是，地方参考椭球的长半径 a_L 为

$$a_L = a + da \tag{6-5}$$

设 α_L 和 α 分别为地方参考椭球和国家参考椭球的扁率。则两椭球之间的关系可以表述为

中心一致
$$\begin{cases} X_0 = 0 \\ Y_0 = 0 \\ Z_0 = 0 \end{cases} \tag{6-6}$$

轴向一致
$$\begin{cases} \Sigma_X = 0 \\ \Sigma_Y = 0 \\ \Sigma_Z = 0 \end{cases} \tag{6-7}$$

扁率相等
$$\alpha_L = \alpha \tag{6-8}$$

长半径有一增量

$$da = (dN/N) \cdot a, a_L = a + da \tag{6-9}$$

第二节　坐标系统之间的转换

坐标系统之间的转换包括在同一坐标系内空间直角坐标与大地坐标的转换、不同坐标系内空间直角坐标或大地坐标的转换以及大地坐标和高斯平面坐标之间的转换等。实际应用中需要将 GPS 点的 WGS-84 地心坐标转换为地面网的参心坐标。

一、同一坐标系内空间直角坐标与大地坐标的换算

任一点的三维空间位置既可用空间直角坐标（X，Y，Z）表示，也可用大地坐标（B，L，H）表示，两者之间可以相互转换。当由（B，L，H）求（X，Y，Z）时，关系如下

$$\left. \begin{array}{l} X = (N + H)\cos B\cos L \\ Y = (N + H)\cos B\sin L \\ Z = [N(1 - e^2) + H]\sin B \end{array} \right\} \tag{6-10}$$

式中 N 为该点的卯酉圈曲率半径，$N = \dfrac{a}{\sqrt{1 - e^2\sin^2 B}}$

a，e 分别是该大地坐标系对应椭球的长半轴和第一偏心率。若以 a，b 分别表示椭球的长半径和短半径，则有

$$e^2 = \frac{a^2 - b^2}{a^2} \tag{6-11}$$

当由（X，Y，Z）求（B，L，H）时，关系如下：

$$\left. \begin{array}{l} B = \text{arctg}\,\dfrac{Z + Ne^2\sin B}{\sqrt{X^2 + Y^2}} \\[3mm] L = \text{arctg}\,\dfrac{Y}{X} \\[3mm] H = \dfrac{\sqrt{X^2 + Y^2}}{\cos B} - N \end{array} \right\} \tag{6-12}$$

可见，当用式（6-12）计算大地纬度 B 时，需采用迭代法计算，其初值可取为

$$B_0 = \text{arctg}(Z/\sqrt{X^2 + Y^2})$$

二、不同空间直角坐标系之间的坐标换算

设有两个三维空间直角坐标系 $O_T - X_T Y_T Z_T$ 与 $O_G - X_G Y_G Z_G$，分别表示参心坐标系和地心坐标系，相互关系如图 6-3 所示，则同一点 P 在 $O_T - X_T Y_T Z_T$ 中的坐标（X_T，Y_T，Z_T）换算为 $O_G - X_G Y_G Z_G$ 中的坐标（X_G，Y_G，Z_G）的关系式为

$$\begin{vmatrix} X_G \\ Y_G \\ Z_G \end{vmatrix} = \begin{vmatrix} \Delta X \\ \Delta Y \\ \Delta Z \end{vmatrix} + R(\varepsilon_x) R(\varepsilon_y) R(\varepsilon_z) \begin{vmatrix} X_T \\ Y_T \\ Z_T \end{vmatrix} \qquad (6-13)$$

式中 $R(\varepsilon_x)$，$R(\varepsilon_y)$，$R(\varepsilon_z)$ 为旋转矩阵，其表达式为

$$R(\varepsilon_x) = \begin{vmatrix} 1 & 0 & 0 \\ 0 & \cos\varepsilon_x & \sin\varepsilon_x \\ 0 & -\sin\varepsilon_x & \cos\varepsilon_x \end{vmatrix}$$

$$R(\varepsilon_y) = \begin{vmatrix} \cos\varepsilon_y & 0 & -\sin\varepsilon_y \\ 0 & 1 & 0 \\ \sin\varepsilon_y & 0 & \cos\varepsilon_y \end{vmatrix} \qquad R(\varepsilon_z) = \begin{vmatrix} \cos\varepsilon_z & \sin\varepsilon_z & 0 \\ -\sin\varepsilon_z & \cos\varepsilon_z & 0 \\ 0 & 0 & 1 \end{vmatrix}$$

当考虑到两坐标系间的尺度比因子 k 时，上式应为

$$\begin{vmatrix} X_G \\ Y_G \\ Z_G \end{vmatrix} = \begin{vmatrix} \Delta X \\ \Delta Y \\ \Delta Z \end{vmatrix} + (1+k) R(\varepsilon_x) R(\varepsilon_y) R(\varepsilon_z) \begin{vmatrix} X_T \\ Y_T \\ Z_T \end{vmatrix} \qquad (6-14)$$

我们将 ΔX，ΔY，ΔZ，k，ε_x，ε_y，ε_z 七个参数，称为两坐标系间的转换参数，其中 ΔX，ΔY，ΔZ 称为平移参数；k 为尺度比参数；ε_x，ε_y，ε_z 为旋转参数。式（6-14）即为著名的布尔莎—沃夫模型，由于旋转尺度缩放和平移三类变换都不改变被变换图形的几何形状，所以又称为相似变换模型。

为了简化计算，当 k，ε_x，ε_y，ε_z 为微小量时，可忽略其间的互乘项，且 $\cos\varepsilon \approx 1$，$\sin\varepsilon \approx \varepsilon$，则上述模型变为

$$\begin{vmatrix} X_G \\ Y_G \\ Z_G \end{vmatrix} = \begin{vmatrix} \Delta X \\ \Delta Y \\ \Delta Z \end{vmatrix} + (1+k) \begin{vmatrix} 1 & -\varepsilon_z & \varepsilon_y \\ \varepsilon_z & 1 & -\varepsilon_x \\ -\varepsilon_y & \varepsilon_x & 1 \end{vmatrix} \begin{vmatrix} X_T \\ Y_T \\ Z_T \end{vmatrix} \qquad (6-15)$$

由此看出，只要已知或确定了两空间直角坐标系之间的转换参数，就可将任一点的坐标从一个坐标系转换至另一个坐标系。反之，如果同时知道若干公共点在两个坐标系中的坐标，就可以用平差的方法，求定转换参数。

转换参数的精度取决于两个因素：其一是两套已知坐标本身的精度。在 GPS 定位中，随着基准点坐标的不同，所求转换参数会有很大差异，而地面网点大地坐标中的大地高往往不能精确给定（一般为 m 级精度），所以会给转换后的坐标带来一定的误差；其二是公共点的个数及分布。公共点分布范围和分布方式将使得所求得的转换参数具有区域性，另外转换参数还具有时间性，因此，坐标转换后的成果精度不仅与被转换坐标精度有关，也与转换参数的精度有关。

对于局部地区往往用 GPS 网的基线向量（ΔX、ΔY、ΔZ）来求解转换参数，因为基线向量具有很高的精度，参照上述公式可以求出 1 个尺度参数和 3 个旋转参数。实践表明这种转换方法精度较高。

目前，广为采用的还是在 GPS 网的约束平差中实现坐标转换，即在平差的同时解算出转换参数，又完成了 GPS 成果向地面网成果的转换。具体内容在下面几节中详述。

三、不同大地坐标系之间的坐标换算

不同大地坐标系之间的坐标换算，除了上述七个参数外，还应增加两个转换参数，这就是两种大地坐标系所对应的地球椭球长半径和扁率微分参数 $(da，d\alpha)$。不同大地坐标系的换算公式又称为大地坐标微分公式或变换椭球微分公式。这部分公式比较复杂，可参见有关大地测量教科书。

四、大地坐标与高斯平面坐标的换算

将大地坐标 $(B，L)$ 换算为高斯平面坐标 $(x，y)$，按照高斯投影正算公式进行。具体内容可参照有关大地测量教科书，这里仅列出公式部分项目。

高斯投影正算公式为：

$$\left.\begin{array}{l} x = X_0 + 0.5N\sin B\cos B \cdot l^2 + \cdots \\ y = N\cos B \cdot l + \dfrac{1}{6}N\cos 3B \cdot l^3(1 - t^2 + \eta^2) + \cdots\cdots \end{array}\right\} \tag{6-16}$$

式中 X_0 由赤道到地面点 P 在参考椭球上的投影点 P_0 之间的子午线弧长；N 为 P_0 的卯酉圈曲率半径；l 为 P_0 点的经度 L 与投影带的中央子午线经度 L_0 之差。

第三节　GPS 网的三维平差

一、GPS 网无约束平差

为了检验 GPS 基线向量网本身的内符合精度以及基线向量之间有无明显系统误差和粗差，同时也为 GPS 大地高与公共点正常高联合确定 GPS 网控制点的正常高提供平差处理后的大地高数据，GPS 基线向量网首先应进行无约束平差。

无约束平差的含义是在一个控制网中，不引入外部基准，或者虽然引入外部基准，但不应引起观测值的变形和改正。

由于 GPS 基线向量本身提供了尺度基准信息和定向基准信息，这些基准信息都是属于 WGS-84 坐标系，所以进行三维无约束平差只需引入位置基准信息。引入位置基准的方法有三种：其一是网中有高级的 GPS 点时，将高级的 GPS 点的坐标作为网平差的位置基准；其二是网中无高级的 GPS 点时，取网中任意一点的伪距定位值作为固定点坐标的起算数据；其三是引入合适的近似坐标系统下的秩亏自由网基准。一般采用前两种方法。

GPS 基线向量网的无约束平差常用的是三维无约束平差法。

二、GPS 网的三维平差

GPS 基线向量网的三维平差包括两方面的内容：其一是 GPS 网的三维约束平差；其二是 GPS 网与地面网的三维联合平差。

（一）GPS 网三维约束平差

GPS 网三维约束平差在国家大地坐标系统中进行，约束条件是属于国家大地坐标系统的地面网点的固定坐标、固定大地方位角和固定空间弦长。

为了将 GPS 基线向量网的观测值与约束条件联系起来，应考虑 WGS-84 坐标系与国家大地坐标系之间的系统差，即平差时应设立 GPS 网与地面网之间的转换参数。对于基线向量而言，不必考虑平移参数，只需考虑尺度参数 dm 和旋转参数 $(\varepsilon_x，\varepsilon_y，\varepsilon_z)$ 即可。

（二）GPS 网与地面网的三维联合平差

GPS 网与地面网的三维联合平差，是指除了上述 GPS 基线向量的观测方程和作为基准的地面网约束条件方程以外，还有常规大地测量观测值（如方向、距离、天顶距、水准高差，甚至还有天文经纬度和方位角等）一起进行的平差。

联合平差可以两网的原始观测量为根据，也可以两网单独平差的结果为根据。平差时，引入坐标系统的转换参数，平差的同时完成坐标系统的转换。

第四节 GPS 网的二维平差

GPS 基线向量网的二维平差，可以在参考椭球面上进行，也可以在高斯投影平面上进行。该平差可以分为 GPS 网的二维约束平差和 GPS 网与地面网的联合平差。

在进行 GPS 网二维平差前应首先将三维基线向量转换成二维基线向量。实用转换方法是以国家或地方坐标系中的一个已知点和一条已知基线的方向作为起算数据，进行位置和方向的强制约束。这一转换方法保证了转换后的 GPS 网与地面网在一个起算点上位置重合，在一条基线方向上方位一致；也避免了三维基线向量转换成二维基线向量时，由于地面网大地高不准确引起的尺度误差和变形，保证了 GPS 网转换后整体及相对几何关系的不变性。转换后的 GPS 网与地面网之间只存在尺度差和残余的定向差，因而进行二维平差时只要考虑两网之间的尺度差和残余的定向差参数。

一、GPS 网二维约束平差

（一）GPS 基线向量观测方程为

$$
\begin{bmatrix} V_{\Delta X_{ij}} \\ V_{\Delta Y_{ij}} \end{bmatrix} = \begin{bmatrix} -1 & 0 \\ 0 & -1 \end{bmatrix} \begin{bmatrix} \mathrm{d}X_i \\ \mathrm{d}Y_i \end{bmatrix} + \begin{bmatrix} 1 & 0 \\ 0 & 1 \end{bmatrix} \begin{bmatrix} \mathrm{d}X_j \\ \mathrm{d}Y_j \end{bmatrix} + \begin{bmatrix} \Delta X_{ij} \\ \Delta Y_{ij} \end{bmatrix} \mathrm{d}m + \begin{bmatrix} + \Delta Y_{ij}/\rho'' \\ - \Delta X_{ij}/\rho'' \end{bmatrix} \mathrm{d}\alpha - \begin{bmatrix} L_{\Delta X_{ij}} \\ L_{\Delta Y_{ij}} \end{bmatrix}
$$

$$(6-17)$$

式中 $\mathrm{d}m$ 是尺度改正数，其定义式为

$$\mathrm{d}m = (S_G - S_D)/S_D \tag{6-18}$$

$\mathrm{d}\alpha$ 是残余定向误差改正数，其定义式为

$$\mathrm{d}\alpha = \alpha_G - \alpha_D \tag{6-19}$$

还有

$$
\begin{bmatrix} L_{\Delta X_{ij}} \\ L_{\Delta Y_{ij}} \end{bmatrix} = \begin{bmatrix} \Delta X_{ij} + X_i^0 - X_j^0 \\ \Delta Y_{ij} + Y_i^0 - Y_j^0 \end{bmatrix} \tag{6-20}
$$

以上各式中的下标 G 和 D 分别表示边长、方位和坐标差的 GPS 系统和地面网系统。当网中有已知点的坐标约束时，即上述 GPS 基线向量的起点或端点与已知点相连时，则已知点相应的坐标改正数 $\mathrm{d}X_i$，$\mathrm{d}Y_i$ 和 $\mathrm{d}X_j$，$\mathrm{d}Y_j$ 为零。

（二）约束条件方程

当网中有边长约束时，则边长约束的条件方程为

$$- \cos\alpha_{jk}^0 \mathrm{d}X_j - \sin\alpha_{jk}^0 \mathrm{d}Y_j + \cos\alpha_{jk}^0 \mathrm{d}X_k + \sin\alpha_{jk}^0 \mathrm{d}X_k + W_s = 0 \tag{6-21}$$

式中

$$W_s = \sqrt{(X_k^0 - X_j^0)^2 + (Y_k^0 - Y_j^0)^2} - S_{jk} \tag{6-22}$$

其中 S_{jk} 为已知边的边长，它是 GPS 网的尺度标准。

当网中有已知方位的约束时，则方位约束的条件方程为

$$\alpha_{jk}dX_j + b_{jk}dY_j - \alpha_{jk}dX_k - \alpha_{jk}dY_k + W_\alpha = 0 \tag{6-23}$$

式中

$$\alpha_{jk} = \frac{\rho'' \sin\alpha_{jk}^0}{S_{jk}^0} \qquad b_{jk} = \frac{\rho'' \cos\alpha_{jk}^0}{S_{jk}^0} \tag{6-24}$$

$$W_\alpha = \mathrm{arctg} \frac{Y_k^0 - Y_j^0}{X_k^0 - X_j^0} - \alpha_{jk} \tag{6-25}$$

其中 α_{jk} 为已知的方位，它是 GPS 网的外部定向基准。

二、GPS 网与地面网的二维联合平差

GPS 网与地面网的二维联合平差，是在上述的 GPS 基线向量观测方程和约束条件方程的基础上，加上地面网的方向和边长观测方程。它们分别是，

方向误差方程式

$$V_{kj} = -dZ_k + a_{kj}dX_j + a_{kj}dY_j - a_{kj}dX_k - a_{kj}dY_k - l_{kj} \tag{6-26}$$

相应观测值的权为 P_{kj}，常数项为 $l_{kj} = Z_k^0 + L_{kj} - \alpha_{kj}^0$。

式中 Z_k^0 是测站定向未知数的近似值；dZ_k 是相应的改正数；α_{kj}^0，a_{kj}，b_{kj} 与上款所述公式意义相同。

边长误差方程式

$$V_{S_{ij}} = -\cos\alpha_{ij}^0 dX_i - \sin\alpha_{ij}^0 dY_j + \cos\alpha_{ij}^0 dX_k + \sin\alpha_{ij}^0 dY_k - l_{S_{ij}} \tag{6-27}$$

相应的权为 $P_{S_{ij}}$，常数项为

$$l_{S_{ij}} = S_{ij}^0 - S_{ij} \tag{6-28}$$

三、平差原理

将上述所有观测方程和约束条件方程，按附有条件的间接平差法组成法方程，并进行解算。如果将 GPS 二维基线向量和方向、边长的误差方程式写成下述矩阵形式

$$V = BdX - L \tag{6-29}$$

将所有约束条件方程表示为

$$AdX + W = 0 \tag{6-30}$$

则法方程式可写为

$$\begin{bmatrix} N & A^T \\ A & 0 \end{bmatrix} \begin{bmatrix} dX \\ K \end{bmatrix} + \begin{bmatrix} -U \\ W \end{bmatrix} = 0 \tag{6-31}$$

式中

$$N = B^T PB \qquad U = B^T PL$$

$$dX = (dX_1, dY_1, \cdots, dX_t, dY_t, dm, d\alpha)$$

K 为联系数。

按高斯约化法求解

$$\left. \begin{array}{l} K = (AN^{-1}A^T)(W + AN^{-1}U) \\ dB = N^{-1}(U - A^T K) \end{array} \right\} \tag{6-32}$$

平差后未知数的协因数阵为

$$Q_B = N^{-1} + N^{-1}A^T Q_{KK} AN^{-1} \\ Q_{KK} = (AN^{-1}A^T)^{-1} \Biggr\}$$ (6-33)

单位权中误差为

$$\sigma_0^2 = \frac{V^T P V}{2n_G + n_L + n_s - 2p_t + r}$$ (6-34)

式中　n_G 为 GPS 基线向量数；n_L 为地面网方向观测值个数；n_s 为地面网边长观测值个数；p_t 为待定点个数；r 为边长和方位限制条件的个数。对于纯 GPS 网约束平差，则 $n_1 = 0$，$n_s = 0$。

四、平差实施及成果应用

(一) 数据准备

参与平差时数据可以分为三类：一是 GPS 基线向量观测值；二是地面网观测值；三是地面网的约束数据。

GPS 基线向量观测值由第五章第二节所述方法求得。对于 m 台接收机观测的同步图形来说，总共可以算得 $m(m-1)/2$ 条基线结果，但其中只有 $(m-1)$ 条基线是独立的，因而存在基线向量观测值的选择问题。选择基线向量的基本原则为：

(1) 只选择同步图形中的独立基线。

(2) 所选基线不仅其同步环检查合格，更应是非同步环检查合格，否则就应怀疑环中某一条或几条基线的处理结果不够理想，换之以对应同步图形中的其他基线，或做精化处理或舍去不用。

(3) 不应出现自由基线。自由基线是指不属于任何非同步图形闭合条件的基线。由于自由基线不具备发现粗差的能力，因而必须避免它的出现。这也是进行 GPS 网优化设计须考虑的。

按照以上原则选择和确定参加平差的独立基线向量后，应将各基线的向量坐标及其方差、协方差阵从各基线处理结果文件中提取出来，存入基线向量观测值文件内。若要进行二维平差，则应将三维基线向量及方差、协方差阵转换成二维基线向量及方差、协方差阵。地面网观测值数据也应文件化，特别是方向观测值一般都要完成测站平差和归心改正等项工作。该项工作同地面网平差时相类似。

(二) 平差计算

各类数据文件化后，就可以调用平差程序进行计算。目前，国内已研制出较多的 GPS 综合数据处理软件包，例如，武汉大学测绘学院研制的 "POWERADJ"；上海同济大学测量系研制的 "TGPPS"；武汉中国科学院测量与地球物理研究所研制的 "IGGG" 等等。国际上流行的平差程序为 Geolab 软件包。

(三) 成果分析及应用

完成平差计算后应对成果进行分析。分析的主要内容有：

(1) GPS 基线向量网成果的内精度。这是根据无约束平差成果进行分析的，主要考察内容有：基线向量观测值改正数分布有无明显粗差；平差各点坐标中误差、点位中误差以及 GPS 基线向量边的方位角中误差和边长相对中误差是否符合要求。若发现有明显的粗差，则应在进行约束平差或联合平差前剔除。

（2）联合平差或约束平差成果的精度分析。考察各类观测值的改正数分布有无明显粗差，若有明显粗差，应剔除后重新平差。考察平差坐标及点位精度，转换参数的大小及精度，单位权中误差是否通过了统计检验，边长相对精度等是否满足网的设计等级精度要求。

（3）三维平差结果和二维平差结果的互相比较。

（4）平差成果的外部检核。这种外部检核通常是通过高精度光电测距边来进行的，以此检测平差成果的真实精度。

各项数据分析均满足网的设计精度要求时，平差成果就可以正式交付使用。

五、GPS大地高的应用

相位定位可以高精度地测定两点间的大地高之差。当网中有一个点或多个点具有精确WGS-84大地坐标系中的坐标（伪距定位结果精度不足），并且可确定各点相对于WGS-84参考椭球的大地水准面差距 N_i 时，即可通过 GPS 基线网的大地高差单独平差，确定各点的 GPS 大地高 H_i，再应用下式求得各点的正高。

$$h_i = H_i - N_i \tag{6-35}$$

如果缺少高精度 GPS 点绝对坐标和精确确定各点大地水准面差距的手段，上述方法就难以应用。目前，通常是根据测区内网中若干点的已知高程，来拟合确定各点的高程异常值。

设 GPS 基线向量网经三维无约束平差后求得的各点大地高平差值为 H_i，已知网中有 m 个具有海拔高程 hi 的点（网内总点数为 n），为讨论方便起见，设这些点的点号 $i \leqslant m$，则可确定这些点的高程异常 ζ_i 为

$$\zeta_i = H_i - h_i \quad (i = 1, 2, \cdots\cdots, m) \tag{6-36}$$

设测区内 ξ_i 可用一多项式来拟合，即

$$\zeta_i = a_0 + a_1 \Delta B_1 + a_2 \Delta L_1 + a_2 \Delta B_i^2 + a_4 \Delta L_i^2 + a_5 \Delta B_i \Delta L_i \tag{6-37}$$

式中

$$\left. \begin{array}{l} \Delta B_i = B_i - \overline{B}_i \\ \Delta L_i = L_i - \overline{L}_i \end{array} \right\} \tag{6-38}$$

$$\left. \begin{array}{l} \overline{B}_i = \sum_{i=1}^{n} B_i / n \\ \overline{L}_i = \sum_{i=1}^{n} L_i / n \end{array} \right\} \tag{6-39}$$

则根据 m 个点的 ξ_i 值可拟合确定多项式(6-37)中的系数。当 $m \geqslant 6$ 时可确定所有系数；当 $m \geqslant 3$ 且 $m < 6$ 时可拟合确定 a_0、a_1 和 a_2 三个系数（即忽略二次项的三个系数）；当 $m < 3$ 时只能确定 a_0 一个系数。所以这种方法至少要有 3 个已知高程点。当已知高程点分布均匀且测区内地形平坦时,这种方法拟合确定的 ξ_i 精度可望达到 $10 \sim 20$cm,甚至优于 5cm。当测区内地形复杂或高程变化较大时,应加上地形改正(地形改正量级可达数十厘米)。

在确定了多项式(6-37)中的系数后，便可应用该式求 j 点($j = m + 1, m + 2, \cdots\cdots, n$)的 ξ_j，然后，用下式求得各点的海拔高程值。

$$h_j = H_j - \zeta_j \tag{6-40}$$

用这种方法确定 GPS 点的实用海拔高程是近似的高程，其精度在比较理想的情况下

可达到普通几何水准测量的精度，能满足各种大比例尺测图的精度要求。尤其是城市 GPS 网点大多位于高层建筑物顶部，无法施测几何水准。因此，这种方法更具有明显的实用价值和经济效益。

目前，GPS 大地高程转换的方法还在进一步研究中。较为理想的方法是联合应用重力测量数据、高程数据、水准数据、地形改正和 GPS 大地高差数据来解决 GPS 大地高的应用。

第五节　GPS 网平差软件（POWERADJ）简介

POWERADJ 是由武汉大学测绘学院研制并经多次改进的全汉化 GPS 网和地面网平差软件包。该软件要求在 WINDOWS 95/98 环境下运行，它所采用的原始数据是 GPS 基线向量和它们的方差——协方差阵，或者是具有诸如方向观测值、边长观测值等地面网数据，可进行测角网、边角网、测边网、导线网以及 GPS 基线向量网的单独平差，混合平差以及常规网与 GPS 网的二维、三维联合平差功能，平差得到的是所需要的国家或地方坐标系成果。此外，还提供 GPS 大地高与水准高程拟合，并转换为实用的正常高或正高。

一、POWERADJ 软件系统的菜单结构

POWERADJ 软件系统的菜单由主菜单和下拉式菜单构成见表 6-1，是用户执行某项操作或者进入某种状态的主要手段。

POWERADJ 软件系统的菜单结构

表 6-1

配　置	数据输入	预处理	平　差	图　形	结　果	坐标转换
工程管理	网的信息	自动预处理	三维平差	基线向量图	结果分析	计算转换参数
选择工程	约束数据	手工预处理	二维平差	误差椭圆图	打印图形	坐标转换
新建工程	观测数据		高程拟合	三维误差图	结果编辑打印	BL-XY
接收机	基线文件			重画	超出限差	BLH-XYZ
控制网				放大		换带计算
坐标系统						高程异常内插
退出						

每一菜单项的主要功能：

（一）配置

在此主菜单下，可进行工程项目的管理、接收机型号及标称精度的选定、控制网的等级和平差所在的坐标系统选择。在项目的管理中可以新建、修改、删除和选择项目；平差所在的坐标系统可供选择的有 1954 年北京坐标系、1980 年西安坐标系、1984 世界坐标系和地方独立坐标系。

（二）数据输入

数据输入部分包括地面网信息部分、已知约束数据、地面观测数据、GPS 基线向量文件四个部分。网的信息主要是用于输入 GPS 网约束平差的各种已知数据个数和观测数据个数以及相应先验信息；已知约束数据主要包括固定点坐标、已知高程、固定边长、固定

88

坐标方位角四个部分；地面观测数据主要供二维联合平差用，包括方向观测值和边长观测值及其相应的先验信息和方向归心改正等，如果某项按钮变灰表示该项无数据输入；该软件可以提取 Trimble、Ashtech、Leica、Rogue 等随机软件和武测的 Lip 软件解算的基线向量，提取的基线向量可以是双差固定解、浮动解、三差解。

（三）预处理

进行 GPS 网平差要进行预处理，主要目的是剔除含有粗差的基线向量，计算同步环、重复基线和异步环闭合差，选择独立基线参与 GPS 网的平差。预处理可以采取自动构网方式，相应的自动计算各类闭合差。如果对自动构网不满意，也可以采取手工构网方式，在网图上手工构环计算闭合差。

（四）平差

经过预处理后的独立 GPS 基线向量，可以构网进行二维平差或三维平差，还可以进行 GPS 水准高程的拟合。无论是二维平差还是三维平差，均应进行一个无约束平差作为网平差的基础。

无约束平差用于 GPS 网的内部精度分析、粗差分析和网的单位权方差因子估计。该软件能自动探测并剔除粗差基线，自动检验并调整方差因子。

GPS 高程计算是采用 GPS 大地高和水准高的多项式曲面拟合和附加地形改正的"移去恢复"方法来求解地区高程异常，然后给出各 GPS 控制点的正常高。

当已知水准点的个数少于三个时，不能利用多项式模型确定正常高，仅采用平移的方法确定每个点的正常高；等于三个时，仅可利用一阶三项式模型，但无法利用已知点作为检验点；多于三个已知点时，软件可自动选用不同多项式模型。

（五）图形

在此菜单下，可以显示 GPS 基线向量网图、误差椭圆图和误差椭球图，还可以进行网图的重画和放大等操作。

（六）结果

在此菜单下，可以进行二维平差和三维平差的结果分析，网图打印，还可以调用写字板来查阅运行的各种结果，也可以编辑打印输出。

（七）坐标转换

在此菜单下，可以进行计算和换算。如已知两个不同坐标系统的公共点坐标，可以确定两个坐标系统之间的转换参数；已知两个不同坐标系统间的转换参数，可以进行两个坐标系间的坐标换算，可以进行高斯投影的正反算和换带计算以及高程异常的内插计算。

二、POWERADJ 软件系统的基本操作流程

（一）新建工程

平差之前为 GPS 控制网建一个工程项目，选择**配置**中的**新建工程**菜单，输入工程名称、测量单位、负责人等信息，然后按**完成**按钮。

注意：输完一项时，不要按回车键，可按 Tab 键或用鼠标键移到下一项，全部输入完毕时按完成按钮，所有输入部分都一样，以后不再说明。

（二）选择处理基线的软件类型

选择**配置**中的**接收机**菜单，用键盘或鼠标选择基线处理软件的类型及相应的接收机的标称精度（例如选 ASHTECH）。

（三）选择平差所在的坐标系统

平差结果的坐标系，可供选择的有国家 1954 年北京坐标系，国家 1980 年西安坐标系，WGS-84 坐标系和独立坐标系。

（四）输入网的信息

选择**数据输入**中的**网的信息**菜单，主要输入约束数据数目和中央子午线经度（例如固定点个数为 2，中央子午线经度为 117°）。

（五）输入已知数据

选择**数据输入**中的**约束数据**菜单，输入已知约束数据（例如选择固定点的坐标输入，显示一个数据列表，按增加按钮，输入数据：1 号点，固定三维坐标，$x = 2826992.02$，$y = 707211.10$，大地高 $H = 659.60$；2 号点，固定平面坐标 $x = 2804670.57$，$y = 693003.43$。然后选择高程数据输入，输入水准点的高程，1 号点 639.43、2 号点 682.83、11 号点 90.80、20 号点 123.23）。

（六）输入基线解文件

选择**数据输入**中的**基线文件**菜单，输入基线解文件（例如选定双差固定解，输入 PowerAdj 系统目录下的 DEMO 目录所有 O＊.＊文件，可以用通配符 O＊.＊和全选按钮来选择）。

（七）预处理和平差

选择预处理中的**自动预处理**，预处理完毕后，即可进行**三维和二维平差，高程拟合**（在平差菜单中选择）。

（八）结果打印

选择结果分析菜单，打印网图、闭合差文件、二维平差、三维平差、高程拟合结果文件。

第六节　GPS 测量技术总结

一、技术总结

GPS 测量的技术设计、数据采集和数据处理结束后，应及时编写技术总结，其内容要点如下：

1. 项目名称、任务来源、施测目的、施测单位、作业时间及作业人员情况；

2. 测区范围与位置、自然地理条件、气候特点、交通及电讯、电源情况；

3. 测区内已有测量资料情况及检核、采用情况；

4. 坐标系统与起算数据的选定，作业的依据及施测的精度要求；

5. GPS 接收机的类型、数量及相应的技术参数，仪器检验情况等；

6. 选点和埋石情况，观测环境评价及与原有测量标志的重合情况；

7. 观测实施情况，观测时段选择，补测与重测情况以及作业中发生与存在的问题说明；

8. 观测数据质量分析与野外检核计算情况；

9. 数据处理的内容、方法及所用软件情况、平差计算和精度分析；

10. 成果中尚存问题和需要说明的其他问题；

11. 必要的附表和附图。

二、上交资料

GPS 测量任务完成后，各项技术资料均应仔细加以整理，并经验收后上交，以提供给用户使用。上交资料的内容一般包括：

1. 测量任务书与技术设计；
2. GPS 网展点图；
3. GPS 控制点的点之记录、测站环视图；
4. 卫星可见性图、预报表及观测计划；
5. 原始数据软盘、外业观测手簿及其他记录（如归心元素）；
6. GPS 接收机及气象仪器等检验资料；
7. 外业观测数据的质量评价和外业检核资料；
8. 数据处理资料和成果表（包括软盘存储的有关文件）；
9. 技术总结和成果验收报告。

思 考 题

1. 什么叫 GPS 网的无约束平差？其主要作用是什么？
2. GPS 网与地面网联合平差用来解决什么问题？
3. GPS 大地高转换为正常高，应注意哪些问题？
4. 简述 GPS 网平差软件的一般操作流程。
5. GPS 测量应上交哪些技术资料？

第七章 GPS 定位技术的应用

第一节 GPS 在大地控制测量中的应用

一、概述

GPS 定位技术以其精度高、速度快、费用省、操作简便等优良特性被广泛应用于大地控制测量中。时至今日，可以说 GPS 定位技术已完全取代了用常规测角、测距手段建立大地控制网。我们一般将应用 GPS 卫星定位技术建立的控制网叫 GPS 网。归纳起来大致可以将 GPS 网分为两大类：一类是全球或全国性的高精度 GPS 网，这类 GPS 网中相邻点的距离在数千公里至上万公里，其主要任务是作为全球高精度坐标框架或全国高精度坐标框架，为全球性地球动力学和空间科学方面的科学研究工作服务，或用以研究地区性的板块运动或地壳形变规律等问题。另一类是区域性的 GPS 网，包括城市或矿区 GPS 网，GPS 工程网等，这类网中的相邻点间的距离为几公里至几十公里，其主要任务是直接为国民经济建设服务。

下面分别就上述两大类 GPS 网做具体阐述。

二、全国或全国性的高精度 GPS 网

作为大地测量的科研任务是研究地球的形状及其随时间的变化，因此建立全球覆盖的坐标系统一的高精度大地控制网是大地测量工作者多年来一直梦寐以求的。直到空间技术和射电天文技术高度发达，才得以建立跨洲际的全球大地网，但由于 VLBI、SLR 技术的设备昂贵且非常笨重，因此在全球也只有少数高精度大地点，直到 GPS 技术逐步完善的今天才使全球覆盖的高精度 GPS 网得以实现，从而建立起了高精度的（$1\sim2cm$）全球统一的动态坐标框架，为大地测量的科学研究及相关地学研究打下了坚实的基础。

1991 年国际大地测量协会（LAG）决定在全球范围内建立一个 IGS（为国际 GPS 地球动力学服务）观测网，并于 1992 年 $6\sim9$ 月间实施了第一期会战联测，我国借此机会由多家单位合作，在全国范围内组织了一次盛况空前的"'中国'92GPS 会战"，目的是在全国范围内确定精确的地心坐标，建立起我国新一代的地心参考框架及其与国家坐标系的转换参数；以优于 10^{-8} 量级的相对精度确定站间基线向量，布设成国家 A 级网，作为国家高精度卫星大地网的骨架，并奠定地壳运动及地球动力学研究的基础。

建成后的国家 A 级网共由 28 个点组成，经过精细的数据处理，平差后在 ITRF91 地心参考框架中的点位精度优于 0.1m，边长相对精度一般优于 1×10^{-8}，随后在 1993 年和 1995 年又两次对 A 级网点进行了 GPS 复测，其点位精度已提高到 cm 级，边长相对精度达 3×10^{-9}。

1991 年开始，我国在国家 A 级网的基础上建立了国家 B 级网，作为国家高精度坐标框架的补充。全网共布测 818 个点左右，基本均匀分布，覆盖全国，历时 5 年完成。经整体平差后，点位地心坐标精度达 $\pm0.1m$，GPS 基线边相对中误差可达 2.0×10^{-8}，高程分

量相对中误差为 3.0×10^{-8}。

新布成的国家 A、B 级网已成为我国现代大地测量和基础测绘的基本框架，将在国民经济建设中发挥越来越重要的作用。国家 A、B 级网以其特有的高精度把我国传统天文大地网进行了全国改善和加强，从而克服了传统天文大地网的精度不均匀，系统误差较大等传统测量手段不可避免的缺点。通过求定 A、B 级 GPS 网与天文大地网之间的转换参数，建立起了地心参考框架和我国国家坐标的数学转换关系，从而使国家大地点的服务应用领域更宽广。利用 A、B 级 GPS 网的高精度三维大地坐标，并结合高精度水准联测，从而大大提高了确定我国大地水准面的精度，特别是克服我国西部大地水准面存在较大系统误差的缺陷。

三、区域性 GPS 大地控制网

所谓区域 GPS 网是指国家 C、D、E 级 GPS 网或专为工程项目布测的工程 GPS 网。这类网的特点是控制区域有限（一个市或一个地区），边长短（一般从几百米到 20km），观测时间短（从快速静态定位的几分钟至一两个小时）。由于 GPS 定位的高精度、快速度、省费用等优点，建立区域大地控制网的手段我国已基本被 GPS 技术所取代。就其作用而言分为：建立新的地面控制网；检核和改善已有地面网；对已有的地面网进行加密；拟合区域大地水准面。

（一）建立新的地面控制网

尽管我国在 20 世纪 70 年代以前已布设了覆盖全国的大地控制网，但由于人为的破坏，现存控制点已不多，当在某个区域需要建立大地控制网时，首选方法就是用 GPS 技术来建网。

（二）检核和改善已有地面网

对于现有的地面控制网由于经典观测手段的限制，精度指标和点位分布都不能满足国民经济发展的需要，但是考虑到历史的继承性，最经济有效的方法就是利用高精度 GPS 技术对原有老网进行全面改造，合理布设 GPS 网点，并尽量与老网重合，再把 GPS 数据和经典控制网一并联合平差处理，从而达到对老网的检核和改善的目的。

（三）对老网进行加密

对于已有的地面控制网，除了本身点位密度不够以外，人为的破坏也相当严重，为了满足基本建设的急需，采用 GPS 技术对重点地区进行控制点加密是一种行之有效的手段。布设加密网时要尽量和本区域的高等级控制点重合，以便较好地把新网同老网匹配好，从而避免控制点误差的传递。

（四）拟合区域大地水准面

GPS 技术用于建立大地水准面，在确定平面位置的同时，能够以很高的精度确定控制点间的相对大地高差，如何充分利用这种高差信息是近几年许多学者热烈讨论的一个话题。由于地形图测绘和工程建设都依据水准高程，因此必须把 GPS 测得的大地高差以某种方式转化成水准高差，才能为工程建设服务。通常的方法为：其一，采用一定密度及合理分布的 GPS 水准联测高程点，用多项式拟合大地水准面；其二，利用区域地球模型来改化 GPS 大地高为水准高。

我国在应用 GPS 定位技术，改善城市平面控制网方面，进行了广泛的实践。例如，在海口、抚顺、沧州、北京、大连、济南等数十座城市，都成功地建立了高精度的 GPS

卫星网。实践结果表明，利用 GPS 定位技术建立的，边长为 5～15km 的城市平面控制网，其相对精度可达 $1～2 \times 10^{-6}$，足以满足现代城市测量、规划、建设和管理等多方面的要求。因而 GPS 测量技术，已成为改善或重建城市和矿区测量控制网的有效手段。

第二节　GPS 在精密工程测量及变形监测中的应用

精密工程测量和变形监测，是以毫米级乃至亚毫米级精度为目的的工程测量工作。随着 GPS 系统的不断完善，软件性能不断改进，目前 GPS 已可用于精密工程测量和工程变形监测。

一、GPS 用于建立精密工程控制网的可行性

目前我国精密工程控制网，一般都用 ME5000 测距仪和 T_3 精密光学经纬仪来施测。为研究用 GPS 来建立精密工程控制网的可行性，武汉大学测绘学院在某山区水利工程布

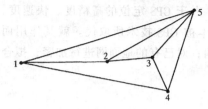

设了如图 7-1 所示的精密工程控制网。该网由 5 个点组成，每点都建立水泥墩，设有强制对中装置。试验网最长边为 1313.5m，最短边长为 359.5m，平均为 701.3m。试验时先用 ME5000 测边，用 T_3 测角，然后用 GPS 施测。接收机采用 TuboRogue SNR-8000，时段长为 2h，用 GAMIT 软件、精密星历解算，起算点 WGS-84 坐标通过与武汉大学跟踪站联测求出。经

图 7-1　某工程控制网图

平差计算，求出全网各边的长及点位坐标，结果见表 7-1、表 7-2。

从表 7-1 可看出，GPS 测出的边长与 ME5000 测出的同一条边长较差中误差为 ± 0.34mm，其较差 ΔS 有正有负，无系统性差异。从表 7-2 可看出，GPS 测出的点位坐标与用 ME5000 和 T_3 求出的点位坐标较差中误差为 ± 0.29mm，其较差 δ 有正有负，也无系统性差异。从而可认为，完全可用 GPS 来建立精密工程控制网。

$$\sigma_{\Delta s} = \sqrt{\frac{[\Delta s \Delta s]}{n}} = \pm 0.34\text{mm} \mid \Delta s \mid_{\max} = 0.5\text{mm}$$

GPS 网与边角网边长比较表　　　　　　　　　　　　　　　表 7-1

边　名	SGPS	SME5000	ΔS
2-3	466244.1	466244.3	− 0.2
2-4	652860.9	652861.4	− 0.5
4-5	642664.7	642664.3	+ 0.4
2-5	748678.5	748678.8	− 0.3
1-5	1313474.2	1313470.5	− 0.3
1-4	1178112.5	1178112.4	+ 0.1
3-5	359343.8	359344.0	− 0.2
1-2	582651.0	582650.7	+ 0.3
3-4	359894.2	359893.7	+ 0.5

$$\sigma = \sqrt{\frac{[\delta \delta]}{n}} = \pm 0.29\text{mm} \quad \mid \delta \mid_{\max} = 0.5\text{mm}$$

表 7-2

GPS 网与边角网点位坐标比较表

点　号	平面坐标 GPS（m）	平面坐标 ME5000 + T_3（m）	差值 δ（mm）
4	$X = 1417.2750$ $Y = 812.9388$	1417.2747 812.9388	+ 0.3 0.0
3	$X = 1092.8954$ $Y = 968.8289$	1092.8957 968.8289	− 0.3 0.0
2	$X = 1189.8049$ $Y = 1424.8904$	1189.8044 1424.8908	+ 0.5 − 0.4
1	$X = 1337.9664$ $Y = 1988.3808$	1337.9967 1988.3807	− 0.3 + 0.1
5	$X = 774.7064$ $Y = 801.8232$	774.7066 801.8229	− 0.2 + 0.3

长江水利委员会综合勘测局，也进行了由 10 个点 18 条边组成的 GPS 测量与高精度大地测量对比试验，GPS 施测时采用 SOKK1A GSS1A 单频接收机，使用广播星历和随机软件，结果为 $m_x = \pm 3.1\text{mm}$。$m_y = \pm 2.4\text{mm}$，$m_H = 6.5\text{mm}$。这说明单频 GPS 接收机也可用于水利工程施工控制网的建立。

二、GPS 用于工程变形监测的可行性

工程变形监测通常要达到毫米级或亚毫米级的精度，而监测的边长一般为 300 ～ 1000m。在这样短的边长上，GPS 能否达到上述精度呢？武汉大学测绘学院做了模拟试验。

测试工作在武汉大学校园内的 GPS 卫星跟踪站与四号楼间进行。试验过程中 GPS 跟踪站上的接收机天线始终保持固定不动。四号楼楼顶的 GPS 接收机天线安置在一个活动的仪器平台上。平台可以在两个互相垂直（东西和南北方向）的导轨上移动。移动量通过平台上的测微器精确测定（读至 0.01mm，其精度可保证优于 0.1mm），因而天线的位移值可视为已知值。然后，通过与 GPS 定位结果进行比较来检核其精度，评定利用 GPS 定位技术进行变形观测的能力。试验时每隔 5h 左右移动一次平台。数据处理采用改进后的 GMAIT 软件和精密星历进行，并分别计算了 5h 解，2h 解和 1h 解、5h、2h、1h 解的测试分别进行了 10 组，其结果列于表 7-3。

边长监测测试结果表　　　　　　　　　　　　　表 7-3

时间 指标	5h	2h	1h
位移分量中误差 $M\delta_x$	± 0.36mm	± 0.54mm	± 0.91mm
位移分量中误差 $M\delta_y$	± 0.37mm	± 0.64mm	± 0.78mm
位移分量误差 ≤ 0.5mm	89%	61%	48%
位移分量误差 ≤ 1.0mm	100%	94%	72%
位移分量误差 ≤ 2.0mm		100%	98%
最大误差	0.7mm	1.7mm	2.4mm

从表 7-3 可看出，若用一个基准点来进行变形监测，利用 5h GPS 观测值求出监测点平面位移分量中误差约为 ± 0.4mm；利用 2h GPS 观测值求出监测点平面位移分量中误差约为 ± 0.6mm；利用 1h GPS 观测值求出监测点平面位移分量中误差约为 ± 1.0mm。若利用两个基准点，其监测精度可进一步提高。测试结果表明，只要采取一定的措施，利用 GPS 技术进行各种工程变形监测是可行的。

三、隔河岩水库大坝外观变形 GPS 自动化监测系统

隔河岩水库位于湖北省长阳县境内，是清江中游的一个水利水电工程——隔河岩水电站。隔河岩水电站的大坝为三圆心变截面重力拱坝，坝长 653m，坝高 151m。隔河岩大坝外观变形 GPS 自动化监测系统于 1998 年 3 月投入运行，系统由数据采集，数据传输，数据处理，三大部分组成。

（一）数据采集

GPS 数据采集分基准点和监测点两部分，由 7 台 Ashtech Z—12GPS 接收机组成。为提高大坝监测的精度和可靠性，大坝监测基准点宜选两个，并分别位于大坝两岸。点位地质条件要好，点位要稳定且能满足 GPS 观测条件。

监测点能反映大坝形变，并能满足 GPS 观测条件。根据以上原则，隔河岩大坝外观变形 GPS 监测系统基准点为 2 个（GPS1 和 GPS2）、监测点为 5 个（GPS3 ~ GPS7）。

（二）数据传输

根据现场条件，GPS 数据传输采用有线（坝面监测点观测数据）和无线（基准点观测数据）相结合方法，网络结构如图 7-2 所示。

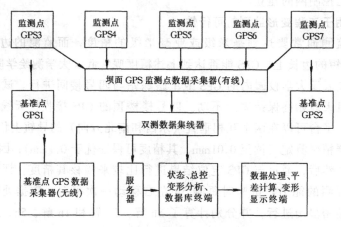

图 7-2　GPS 自动监测系统网络结构

（三）GPS 数据处理、分析和管理

整个系统 7 台 GPS 接收机，在一年 365 天中，需连续观测，并实时将观测资料传输至控制中心，进行处理、分析、贮存。系统反应时间小于 10min（即从每台 GPS 接收机传输数据开始，到处理、分析、变形显示为止，所需总的时间小于 10min），为此，必须建立一个局域网，有一个完善的软件管理、监控系统。

本系统的硬件环境及配置有工作站 UNIX、PC586 微机、彩色打印机、刻写光盘等。

整个系统全自动，应用广播星历 1 ~ 2h，GPS 观测资料解算的监测点位水平精度优于 1.5mm（相对于基准点，以下同），垂直精度优于 1.5mm；6h GPS 观测资料解算水平精度优于 1mm，垂直精度优于 1mm。

四、GPS 在机场轴线定位中的应用

机场跑道中心轴线方位的精度，按机场等级不同而不同，最高精度应优于 ±1″，最低也应优于 ±6″。由 1992 年开始，国内各城市建设的新机场，其跑道的定向都已采用 GPS 来施测，如武汉天河国际机场、南京禄口国际机场、济南国际机场、贵阳国际机场等。

在施测时应注意：（1）当方位精度要求为±1″时，GPS 基线解算一定要用精密软件。（2）当要求提供大地方位角时，要顾及平面子午线收敛角和方向改化的影响；当要求提供天文方位角时，还要顾及垂线偏差的影响。

近年来，GPS 还普遍用于电子加速器的工程施工控制测量，大桥施工控制网建立，海上勘探平台沉降监测，大桥动态实时形变监测，高层建筑实时变形监测等。

第三节　GPS 定位技术在导航方面的应用

一、概述

大家知道，GPS 定位技术，主要是为满足运动目标实时三维精密导航的要求而发展起来的。GPS 导航技术的出现，是航空、航海史上导航技术的重大突破。目前，它在海上、空中和陆地运动目标的导航、监控和管理等方面的应用已极其广泛。

1994 年 9 月，美国已成功地利用 GPS 导航技术，进行了飞机进场与着陆的实验。实验结果表明。GPS 导航比传统的导航技术，更为精确、灵活和廉价。它将使飞机在能见度近为零的情况下，安全的起飞和着陆。

GPS 导航，既可以实时地提供运动载体的精确位置，并可在数字化航行图和地图上显示，也可以选择载体航行的最佳路线，从而可能大大地缩短航行时间，节约燃料，降低运营成本。

在 1991 年初的海湾战争中，GPS 导航技术无论对进攻武器装备的精密导航和制导，还是对后勤保障，都发挥了至关重要的作用，充分显示了这一高新技术的巨大威力和潜力。

GPS 导航技术，将是未来军事装备的不可缺少的重要部分，成为保障现代战争胜利的关键技术之一。

GPS 定位技术在导航方面的应用，其特点是必需满足实时与动态的要求。因此，目前 GPS 导航技术，一般大都以测码伪距为观测量，并根据用户对导航的精度要求，采用单点定位或相对定位原理，为用户实时提供导航信息。

大家知道，经典的导航学和测量学，是两个独立的学科。但是，由于 GPS 定位技术的兴起，使现代的导航学和测量学融为一体。这里，简要地介绍一下 GPS 定位技术在导航方面的应用现状与前景，对于测量工作者来说，也是非常有益的。

二、实时动态单点定位的导航系统

这种导航系统，通常用户只需一台 GPS 接收机，以测码伪距为观测量，根据单点定位的原理，确定载体相应观测历元的瞬时位置。这时，可能提供的导航信息主要包括：相应观测历元载体的大地坐标，航行方位，路程和航速，距目的地的里程和最佳航行路线等。并可能在数字化航行图上，实时地显示载体的运行位置。

实时动态单点定位的导航系统，设备和数据处理都比较简单，其广泛应用于各类导航工作。另外，在运动载体的姿态测量，航天飞机的导航，近地卫星的定轨和测时等方面，也都有着广阔的应用前景。

如果将上述运动载体的瞬时位置及其他有关信息，进一步通过无线电传输系统，发送给监控与管理中心，并在以数字化地图为背景的屏幕上，实时地加以显示，如图 7-3 所

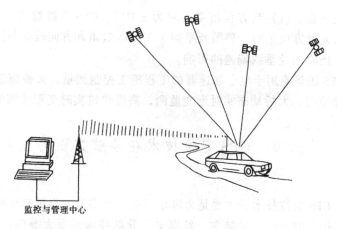

图 7-3　运动目标监控系统示意图

示，那么，便可构成一简单的运动目标监控与管理系统和报警系统。

这时，运动目标（例如车辆、船只和飞机等）除应设有 GPS 卫星信号接收设备外，还设有数据传输与通信设备，以便将运动目标的实时位置和其他有关信息，传输给管理中心和接收管理中心的指令。监控管理中心主要应设有数据的接收与通信设备和具有地图数据库的计算机系统，以接收运动目标的瞬时位置和其他有关信息，并实时地处理和显示以及传输管理中心的指令。

这一复合导航系统，目前已广泛地应用于公安系统、银行系统以及公共交通和旅游等系统的车辆、船只的监控与管理，以及发生意外时的报警与救援等项工作。

这一系统的有效监控范围，主要决定于数据传输和通信系统的性能。实际应用时，可根据用户的不同要求，选择适宜的数据传输与通讯方式和设备。

三、差分 GPS（DGPS）导航系统

对于应用 C/A 码进行导航的用户来说，当前其实时单点定位精度，约为 20m 左右，而在美国 SA 政策的影响下，单点定位的精度，将下降为 100～150m。为了减弱 GPS 星历误差、卫星信号的传播误差以及 SA 的影响，提高定位的精度，近年来差分 GPS（DGPS）定位技术的开发与应用，得到了普遍的重视和迅速地发展。

差分 GPS 导航系统，主要由基准站的 GPS 接收设备，数据处理与传输设备和用户 GPS 接收机组成，如图 7-4 所示。

前面已指出，差分 GPS 导航的基本思想，是在监控与管理中心增设一台 GPS 接收机，并将其安设在坐标已知的基准站上，对所有可见卫星进行连续地观测。这样，根据某一历元的码观测量，可得基准站至所测 GPS 卫星的相应伪距值。与此同时，根据基准站的已知坐标和所测卫星的已知瞬时位置，也可计算基准站至所测 GPS 卫星的距离，取该距离的计算值，与上述观测的相应伪距值之差，作为伪距修正量传输给运动目标，用以修正运动目标同步观测的相应伪距值，并根据修正后的伪距值，实时计算运动目标的瞬时位置。

显然，上述伪距修正量，包含了星历误差、接收机钟差、大气传播误差和 SA 的综合影响，这种影响的变化和运动目标与基准站的距离和修正量的龄期密切相关。

随着运动目标与基准站之间距离的增加，星历误差与大气传播误差的影响将显著地增大。根据经验 GPS 定位精度的下降速率，约为 1cm/km。因此，对于一个基准站而言，其

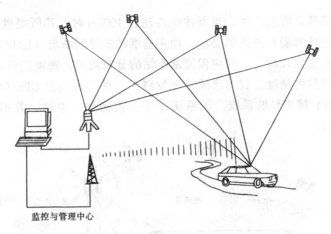

监控与管理中心

图 7-4　运动目标监控与管理系统示意图

有效作用范围（或称覆盖范围），将主要决定于以下因素：

　　DGPS 导航的精度要求；

　　数据传达室输系统的功能。

　　在差分 GPS 导航系统中，基准站提供的修正量，其形式主要有：

　　伪距修正量；

　　坐标修正量。

其中，以伪距修正量较为灵活，应用普遍。

　　这种单个基准站的精密导航系统，在其覆盖范围内，将可应用于飞机进场与着陆、船只进港，以及各种运动目标的精密监控与管理。

　　为了扩大导航系统的覆盖范围，在较大的区域内实现精密导航，可以布设多个基准站，以构成基准站网。由此所构成的区域性差分 GPS 导航系统，在一些文献中简称为 LADGPS（Local Area DGPS）。这时，基准站网提供伪距修正量的方式，主要有以下两种：

　　其一，各基准站均以标准化的格式发射各自的修正量信息，而用户接收机根据接收到的各基准站的修正量，取其加权平均值，作为用户的伪距修正量。其中，修正量的权，可根据用户接收机与基准站的相对位置来确定。这种方式，由于应用于多个高速的差分 GPS 数据流，所以要求多倍的通信带宽，效率较低。

　　其二，根据各基准站的分布，预先在网中构成以用户与基准站相对位置为函数的，修正量的加权平均值模型，并将其统一发射给用户。这种方式不需要增加通信带宽，是一种较为有效的方法。

　　多基准站导航系统的导航精度，主要决定于基准站的密度（或种基准站的覆盖范围），和所提供的修正量的精度。目前，一般可达米级。在该系统的覆盖范围内，可广泛地应用于空中、海上、陆地和内河航运等运动目标的精密导航工作。

　　例如，随着国民经济的发展，我国长江航道上的船只日益拥挤，为了确保航运的安全，从宜宾至长江口 2800 余 km 的航道上，可在南京、武汉、宜昌、重庆、宜宾等地设置 5 个基准站，构成长江流域多基准导航网。在该基准站网的覆盖范围内，如采用中波数据链，其导航精度将优于 10m。

　　四、广域差分 GPS 导航系统

　　前面已提出，上述单基准站的 GPS 导航系统（DGPS），其精度随运动目标与基准站之间距离的增加而降低。实践表明，当所述距离超过100km时，其所提供的修正量的精度，便难以满足飞机进场和船只进港的要求。而多基准站的导航系统（LADGPS），虽然在其覆盖范围内，定位精度比较均匀，但应保障基准站的分布均匀，密度充分。因此，在广大区域内，为了提高导航的精度，目前已成功地发展了一种广域差分GPS（Wide Area Differential GPS—WADGPS）精密导航系统。该系统主要由监测站、主站、数据链和用户设备组成，如图7-5所示。

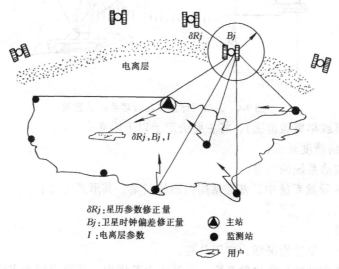

图 7-5 广域差分 GPS 原理示意图

监测站 一般设有1台铯钟和1台能跟踪所有可见卫星（＜12颗）的双频GPS接收机。各监测站的GPS观测量，均通过数据链实时地发射到主站。监测站的数量一般应不少于4个。

主站 根据各监测站的GPS观测量和各监测站的已知坐标，计算GPS卫星星历的修正量、时钟修正量和电离层的时延参数。并将这些修正量和参数，通过适当的传输方式，实时地发送给用户。

用户设备 主要包括用户GPS接收机和数据链的用户端，以便在接收GPS卫星信号的同时，接收主站发射的上述修正量和电离层的时延参数信息，并据以修正其所观测GPS卫星的相应参数和电离层的时间延迟。

数据链 通常应根据实际情况，可选用通信卫星、无线电台等数据传输系统。其中，以卫星传输最为有效，但目前其费用较高。

广域差分GPS网，一般应与GPS跟踪网相结合。大家知道，差分GPS（DGPS）提供给用户的信息，一般是一组伪距修正量，而广域差分GPS（WADGPS），提供给用户的修正量，是每颗可见GPS卫星星历的修正量、时钟偏差修正量和电离层时延参数。这是WADGPS与DGPS和LADGPS的基本区别。在WADGPS网覆盖的区域内，修正量的精度是比较均匀的，目前其水平定位精度可达1m，高程精度约为1.5m。

与一般DGPS相比，WADGPS的主要优点为：

修正量的精度与用户和基准站（监测站）之间的距离无关；

在WADGPS覆盖范围内，用户的导航精度，除边沿地区外分布比较均匀；

监测站的数量，较 LADGPS 基准站的数量大为减少。例如，在美国领域内，为实现米级的导航精度，LADGPS 需要建立约 500 个基准站，而 WADGPS 只需建立约 15 个监测站。

WADGPS 的主要缺点是，建立和维持一个 WADGPS 精密导航系统，耗资大，数据处理的理论和软件也较为复杂。

这里顺便指出，近年来，美国联邦航空局（FAA）在 WADGPS 的基础上，正在开发一种 GPS 标准定位服务（SPS）的广域增强系统（Wide Area Augmentation System——WAAS），其目的是改善 GPS 标准定位服务的精确性，可靠性和连续性，以便实现直至飞机进场的各飞行阶段的导航服务，如图 7-6 所示。

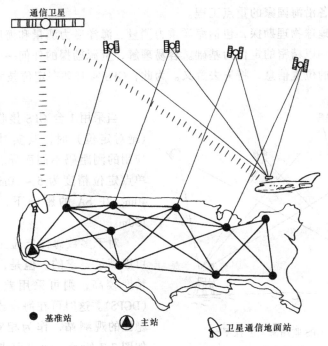

图 7-6 广域增强系统（WAAS）示意图

GPS 定位技术在导航方面的应用，是一个内容极为丰富，范围十分广阔的领域，特别当其与数据传输与通信技术相结合时，充分地显示了这一导航技术的巨大潜力和广泛的应用前景。

第四节 GPS 定位技术在海洋测绘方面的应用

世界上海域辽阔，资源丰富。海洋开发工程，已成为当前各国经济建设的一项重要任务。海洋测绘，作为海上一切经济和科学活动，以及军事活动的基础，日益受到广泛的重视。现代海洋测绘是综合大地测量学、海洋科学、电子技术和空间技术，而发展起来的一门边缘学科，其主要内容包括：

海洋资源与地球物理勘探；

海洋大地测量；

水深测量;

海底与海面地形测量;

海洋划界;

各种海洋工程测量等。

海洋测绘工作,涉及面广,内容丰富,为 GPS 定位技术的应用,开辟了更为广阔的领域。下面我们仅就海洋资源勘探和海洋大地测量工作,简要地介绍一下 GPS 定位技术的应用情况和潜力。

一、在海洋资源勘探方面的应用

海洋资源的勘探和开发,已引起各沿海国的广泛重视。尤其大陆架石油的勘探与开发,目前已成为各沿海国家的重点工程。

海洋资源与地球物理勘探,包括海洋重力测量、海洋磁力测量和海底地形测量等,而这些测量工作,均以精密的定位为基础。容易理解,资源勘探的任何一个观测量,如果缺少具有一定精度的位置信息,将失去意义。为此,GPS 实时动态定位技术,提供了理想的定位手段。

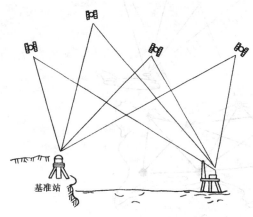

图 7-7　GPS 监测海上勘探平台
沉降示意图

当采用 1 台 GPS 接收机进行单点定位(绝对定位)时,其实时定位的精度,随应用的测距码不同而异。目前,采用 P 码单点定位精度为 5 ~ 10m;C/A 码为 20 ~ 40m,在 SA 的影响下,将下降为 100 ~ 150m。

对于多数海洋定位工作,上述精度是可以满足要求的。但是,如果要求定位的精度较高,则可采用差分 GPS 定位方法(DGPS)。这时可在海岸或岛屿上,选择一稳固的观测站,作为相对定位的基准站,如图 7-7 所示。而当要求实时定位时,还应在运动的观测站与基准站之间,建立实时数据传输的基准站。实践表明,以 C/A 码伪距观测量为根据的动态相对定位,可以有效地减弱 SA 的影响,其精度可达米级。

在海洋资源普查、详查和开发的各个阶段,GPS 均可提供可靠的导航和测量服务,以保障船只准确地按预定的计划航行,同时准确地测定采样点的位置。尤其在海洋石油资源的开发中,当钻井平台根据设计图定位时,或当钻井平台中途停站并迁移而过后再复位时,往往要求定位的精度较高。对此,以测相伪距为观测量的高精度 GPS 相对定位技术,将是一种经济和可靠的方法,其精度可达厘米级。

二、在海洋大地测量方面的应用

海洋大地测量工作主要包括:

海洋大地测量控制网(或点)的建立;

海洋大地水准面的测定;

海岛联测;

海洋重力测量等。

其中，建立海洋大地测量控制网，为海底和海面地形测绘、海洋资源开发、海洋工程建设、海洋划界和海底地壳运动的监测等服务，是经典海洋大地测量的一项基本任务。

海洋大地控制网，是由分布在岛屿、暗礁上的控制点和海底的控制点所组成。经典的海洋大地测量方法，由于受点间距离、通视条件以及动态的海洋作业环境等限制，建立规模较大、精度较高的海洋大地控制网，是甚为复杂和困难的。

由于 GPS 测量所具有的特点，使其成为当前建立海洋大地控制网，以及进行海洋大地控制网与陆地大地网联测的有效方法。

对于岛、礁上的控制点，可以直接应用 GPS 相对定位法，确定其在统一参考系中的坐标。而对于海底控制点的测定则较为复杂，其与陆地上控制点的定位方法完全不同。

海底控制点，需埋设固定标志并安置水声应答器，以便测定海底控制点与海上测量船之间的距离。应用 GPS 定位技术测定海底控制点的位置，一般包含了以海上测量船（或水面浮标）为中介的两个同步测量过程，即利用测量船上的用户GPS 接收机，同步观测 4 颗以上的GPS 卫星，以确定测量船（中介点）的瞬时位置，同时应用海底水声应

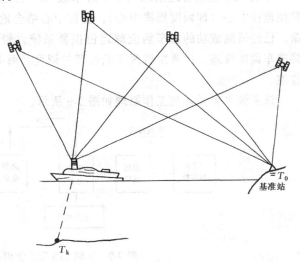

图 7-8　GPS 在测定海底控制点中的应用示意图

答器，同步测定中介点至海底控制点的瞬时距离，以确定水下控制点的位置。在此，测量船的接收机对 GPS 卫星的观测，与测量船利用水声应答器的观测必须同步，如图 7-8 所示。

容易理解，为确定海底控制点的位置，在理论上，至少需要测量船于三个不同位置的同步观测结果，并且要求中介点的三个位置，与海底控制点构成良好的图形。

以上是综合利用全球卫星定位系统和海底水声应答器，测定水下大地控制点的基本思想。在实际工作中，无论是观测方案的设计，或数据处理方法，都将复杂得多，对此这里就不详述了，有兴趣的读者可参阅有关文献。

第五节　GPS 定位技术在公安、交通系统中的应用

随着我国城市建设规模的扩大，车辆日益增多，交通运输的经贸管理和合理调度，警用车辆的指挥和安全管理已成为公安、交通系统中的一个重要问题。过去，用于交通管理系统的设备主要是无线电通信设备，由调度中心向车辆驾驶员发出调度命令，驾驶员只能根据自己的判断说出车辆所在的大概位置，而在生疏地带或在夜间则无法确认自己的方位甚至迷路。因此，从调度管理和安全管理方面，其应用受到限制。GPS 定位技术的出现给

车辆、轮船等交通工具的导航定位提供了具体的实时的定位能力。通过车载 GPS 接收机使驾驶员能够随时知道自己的具体位置。通过车载电台将 GPS 定位信息发送给调度指挥中心，调度指挥中心便可及时掌握各车辆的具体位置，并在大屏幕电子地图上显示出来。目前，用于公安、交通系统的主要有：车辆 GPS 定位与无线通信系统相结合的指挥管理系统，应用 GPS 差分技术的指挥管理系统。下面介绍这两种管理系统的工作原理与设备构成。

一、车辆 GPS 定位管理系统

车辆 GPS 定位管理系统主要是由车载 GPS 自主定位，结合无线通信系统将定位信息发往监控中心（即调度指挥中心），监控中心结合地理信息系统对车辆进行调度管理和跟踪。已经研制成功的如车辆全球定位报警系统，警用 GPS 指挥系统等。分别用于城市公共汽车调度管理，风景旅游区车船报警与调度，海关、公安、海防等部门对车船的调度与监控。

该系统主要设备与工作原理如图 7-9 所示。

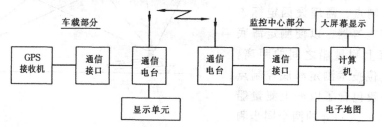

图 7-9　车辆 GPS 定位管理系统原理图

监控中心部分的主要功能有：

1. 数据跟踪功能。将移动车辆的实时位置以帧列表的方式显示出来。如车号、经度、纬度、速度、航向、时间、日期等。

2. 图上跟踪功能。将移动车辆的定位信息在相应的电子地（海）图背景上复合显示出来。电子地（海）图可任意放大、缩小、还原、切换。有正常接收与随意点名接收两种接收方式。还可提供是否要车辆运行轨迹的选择功能。

3. 模拟显示功能。可将已知的目标位置信息输入计算机并显示出来。

4. 决策指挥功能。决策指挥命令以通信方式与移动车辆进行通信。通信方式可用文本、代码或语音等，实现调度指挥。

车载部分的主要功能有：

1. 定位信息的发送功能。GPS 接收机实时定位并将定位信息通过电台发向监控中心。

2. 数据显示功能。将自身车辆的实时位置在显示单元上显示出来。如经度、纬度、速度、航向。

3. 调度命令的接收功能。接收监控中心发来的调度指挥命令，在显示单元上显示或发出语音。

4. 报警功能。一旦出现紧急情况，司机启动报警装置，监控中心立即显示出车辆情况、出事地点、出事时间、车辆人员等信息。

车辆 GPS 定位属于单点动态导航定位，其定位精度约为 100m 量级。为了提高定位精度，可采用差分 GPS 技术。

二、应用差分 GPS 技术的车辆管理系统

若采用一般差分 GPS 技术，每辆车上都应接收差分改正数。这样，会造成系统过于复杂，所以实际应用中多采用集中差分技术，其工作原理如图 7-10 所示。

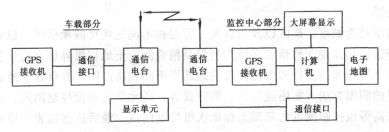

图 7-10　应用集中差分 GPS 技术的车辆管理系统原理图

工作原理：每一辆车都装有 GPS 接收机和通信电台，监控中心设在基准站位置，坐标精确已知。基准点上安置 GPS 接收机，同时安装通信电台、计算机、电子地图、大屏幕显示器等设备。工作时，各车辆上的 GPS 接收机将其位置、时间和车辆编号等信息一同发送到监控中心。监控中心将车辆位置与基准站 GPS 定位结果进行差分求出差分改正数，对车辆位置进行改正，计算出精确坐标，经过坐标转换后，显示在大屏幕上。

这种集中差分技术可以简化车辆上的设备。车载部分只接收 GPS 信号，不必考虑差分信号的接收。而监控中心集中进行差分处理，显示、记录和存储。数据通信可采用原有的车辆通信设备，只要增加通信转换接口即可。

由于差分 GPS 设备能够实时地提供精确的位置、速度、航向等信息，车载 GPS 差分设备还可以对车辆上的各种传感器（如计程仪、车速仪、磁罗盘等）进行校准工作。

三、应用前景

汽车是现代文明社会中与每个人关系最密切的一种交通工具，据统计，仅几个发达国家的汽车拥有量已达数亿辆。我国民用汽车拥有量也有数千万辆。因此，车辆导航将成为未来 20 年中全球卫星定位系统应用的最大的潜在市场之一。

在我国，特种车辆约有几十万辆。有关部门要求首先对运钞车、急救车、救火车、巡警车、迎宾车等特种专用车辆实现全程监控、引导和指挥。目前使用车载 GPS 接收机进行自主定位的车辆很少，大量的开发应用热点在监控调度系统上。

车载 GPS 导航设备在应用上的发展方向，应当着重多卫星系统、远距离监控以及多功能显示等几个方面。

使用多卫星系统，如 GNSS 系统（该系统在 2000 年后将成为综合导航定位系统），进行导航定位时由于卫星多，可以保证车辆实时定位的精度与可靠性。

对于用于调度指挥的监控系统来说，监控中心与其管辖的车辆之间由于通信电台的功率有限，其作用距离仅几十公里。增大监控作用距离，应当解决远距离通信问题。例如增加通信中继站，延长作用距离，利用广播或卫星通信方式可以使监控范围覆盖更大的地域。

监控系统的功能应当是多方面的。例如语音传输、视觉图像传输以及各种命令和车辆周围环境的情况录入存储等。

第六节　GPS RTK技术在地形、地籍和房地产测量中的应用

一、概述

地形测图是为城市、矿区以及为各种工程提供不同比例尺的地形图，以满足城镇规划和各种经济建设的需要。地籍和房地产测量是精确测定土地权属界址点的位置，同时测绘供土地和房产管理部门使用的大比例尺的地籍平面图和房产图，并量算土地和房屋面积。

用常规的测图方法（如用经纬仪、测距仪等）通常是先布设控制网点，这种控制网一般是在国家高等级控制网点的基础上加密次级控制网点。最后依据加密的控制点和图根控制点，测定地物点和地形点在图上的位置并按照一定的规律和符号绘制成平面图。

GPS新技术的出现，可以高精度并快速地测定各级控制点的坐标。特别是应用RTK新技术，甚至可以不布设各级控制点，仅依据一定数量的基准控制点，便可以高精度并快速地测定界址点、地形点、地物点的坐标，利用测图软件可以在野外一次测绘成电子地图，然后通过计算机和绘图仪、打印机输出各种比例尺的图件。

应用RTK技术进行定位时要求基准站接收机实时地把观测数据（如伪距或相位观测值）及已知数据（如基准站点坐标）实时传输给流动站GPS接收机，流动站快速求解整周模糊度，在观测到4颗卫星后，可以实时地求解出厘米级的流动站动态位置。这比GPS静态、快速静态定位需要事后进行处理来说，其定位效率会大大提高。故RTK技术一出现，其在测量中的应用立刻受到人们的重视和青睐。

二、RTK技术用于各种控制测量

常规控制测量如三角测量、导线测量，要求点间通视，费工费时，而且精度不均匀，外业中不知道测量成果的精度。GPS静态、快速静态相对定位测量无需点间通视能够高精度地进行各种控制测量，但是需要时候进行数据处理，不能实时定位并知道定位精度，内业处理后发现精度不合要求必须返工测量。而用RTK技术进行控制测量既能实时知道定位结果，又能实时知道定位精度，这样便能大大提高作业效率。应用RTK技术进行实时定位可以达到厘米级的精度，因此，除了高精度的控制测量仍采用GPS静态相对定位技术之外，RTK技术即可用于地形测图中的控制测量，地籍和房地产测量中的控制测量和界址点点位的测量。

地形测图一般是首先根据控制点加密图根控制点，然后在图根控制点上用经纬仪测图法或平板仪测图法测绘地形图。近几年发展到用全球仪和电子手簿采用地物编码的方法，利用测图软件测绘地形图。但都要求测站点与被测的周围地物地貌等碎部点之间通视，而且至少要求2~3人操作。

采用RTK技术进行测图时，仅需一人背着仪器在要测的碎部点上呆上1、2秒钟并同时输入特征编码，通过电子手簿或便携微机记录，在点位精度合乎要求的情况下，把一个区域内的地形地物点位测定后回到室内或在野外，由专业测图软件可以输出所要求的地形图。用RTK技术测定点位不要求点间通视，仅需一人操作便可完成测图工作，大大提高了测图的工作效率。

三、RTK 技术在地籍和房地产测量中的应用

地籍和房地产测量中应用 RTK 技术测定每一宗土地的权属界址点以及测绘地籍与房地产图，同上述测绘地形图一样，能实时测定有关界址点及一些地物点的位置并能达到要求的厘米级精度。将 GPS 获得的数据处理后直接录入 GPS 系统，可及时地精确地获得地籍和房地产图。但在影响 GPS 卫星信号接收的遮蔽地带，应使用全站仪、测距仪、经纬仪等测量工具，采用解析法或图解法进行细部测量。

在建设用地勘测定界测量中，RTK 技术可实时地测定界桩位置，确定土地使用界限范围、计算用地面积。利用 RTK 技术进行勘测定界放样是坐标的直接放样，建设用地勘测定界中的面积量算，实际上由 GPS 软件中的面积计算功能直接计算并进性检核。避免了常规的解析法放样的复杂性，简化了建设用地勘测定界的工作程序。

在土地利用动态检测中，也可利用 RTK 技术。传统的动态野外检测采用简易补测或平板仪补测法。如利用钢尺用距离交会、直角坐标法等进行实测丈量，对于变通范围较大的地区采用平板仪补测。这种方法速度慢、效率低。而应用 RTK 新技术进行动态监测则可提高检测的速度和精度，省时省工，真正实现实时动态监测，保证了土地利用状况调查的现实性。

思 考 题

1. 简述 GPS 静态定位在相关领域的主要应用。
2. 试列举 GPS 动态定位在相关领域的主要应用。
3. 什么是局域差分？什么是广域差分？各自的应用前景如何？
4. 车辆 GPS 定位管理系统运用了 GPS 的何种定位技术？

附录：新一代 GPS 测量型接收机简介

一、徕卡 GPS 接收机

徕卡公司是世界上首屈一指的 GPS 导航与定位设备的制造厂与供应商，一直扮演着开发 GPS 导航与定位技术领头人角色。

20 世纪 80 年代中，徕卡先后推出当时世界上结构最紧凑、全封闭防水的单、双频大地测量型 GPS 接收机 WM101/WM102，后者采用了徕卡专利的码辅助平方技术，在跟踪加密的 L_2 载波相位时，可以比同时代其他厂商同类产品高出 13dB 的信号强度；20 世纪 80 年代末至 20 世纪 90 年代初，徕卡率先研制成功了第一台轻便型 GPS200 测量系统，成为世界上第一套单人作业、同时也是世界上第一台拥有快速静态、准动态、动态、往返重复测量等多种快速定位功能的 GPS 测量设备。该系统还首创手持式 GPS 控制器概念，而且系统的静态/动态通用后处理软件包——SKI 也是世界上第一个基于视窗 WINDOWS 的 GPS 软件。

20 世纪 90 年代中期，又推出了更新产品徕卡 300 系列 GPS 测量系统，新版 SKI 静态动态通用软件包。

20 世纪 90 年代末，徕卡接受美国政府的赞助，成功开发基于 GPS 定位技术的计算机辅助地面移动设备的自动控制系统，同时开发研制出了一种具有划时代意义的 GPS 新产品——徕卡 500 系列 GPS 测量系统（附图 1）和 SKI-Pro GPS 数据后处理软件包。

进入新世纪，徕卡又在 500 系列的基础之上研制出了拥有众多如瞬时 RTK、手机通讯等先进技术的新产品—徕卡 530Rush 实时测量系统。

（一）徕卡 530GPS 技术性能指标

附图 1　徕卡 GPS 500 测量系统

1. 徕卡 GPS 主机采用奔腾芯片处理器；

2. 3 台 530RTKGPS 主机可以任意定义为参考站或流动站；

3. L_1 和 L_2 双频各 12 通道同步跟踪卫星，L_1、L_2 双频独立观测值，载波相位和伪距观测值相互独立，没有通过内推和外推产生的观测值；

4. 点位更新速率为 10Hz，点位输出时间延迟小于 50ms；

5. 双精度测量模式，在树荫、高压输电线下和道路一侧进行测量时，可运行概率（可以测出精密点位的概率）在 80% 以上；

6. GPS 冷启动到首次卫星载波相位输出以及达到卫星锁定后到整周末知数解算（初始化）完成的时间小于 30s；

7. 实时数据成果输出的可靠性应大于 99%；

8. 精度：控制点边长在 50km 以上，在 30min 静态测量过程后，精度达到 5mm + 1 × 10^{-6} 的精度；50km 动态伪距测量（RTD）精度优于 0.3m；

实时静态测量 30km 以上，边长 5& # 0；10min 能达到厘米级精度；

静态测量长基线长时段观测精度可达到 $3mm + 0.5 \times 10^{-6}$；

9. 能同时支持多种数据通信手段接收来自参考站的信息，是世界上惟一能够同时支持通过调制解调器和 GSM 移动电话拨号上网的方式，或者任意通信方式的组合来建立数据链的系统；

10. RTK 作业的卫星截止高度角由原来的 15°改进为 10°，增加卫星可利用时间；

11. RTK 测量在 30km 范围内精度可达到 1cm；

12. 徕卡专利的 ClearTrak 技术，可有效排除多路径干扰及外部无线电信号的干扰；

13. 3 台主机配备 3 个终端（控制器）在任何时刻都可在同一屏面连续显示接收机工作状态、卫星跟踪状态、数据通讯状态、电源状态、内存状态，信号接收状态终端自动照明，如在室内事先设置好主机，在野外可进行盲测；

14. 500 系列 GPS 有无与伦比的兼容性，可兼容其他各种品牌的 GPS；

15. 可连接其他外部激光测距设备，如 DISTO。

（二）SDI—Pro 软件

1. 多用户、多界面的操作系统，基线解算、数据处理和数据传输可同时进行；

2. 输出数据格式可以自己定义，可兼容其他品牌 GPS 的数据，可直接输出其他应用软件的数据格式，不需编制格式转换软件；

3. 基线处理能以自动和人工两种方式进行，重复计算产生的基线成果都可以存储在不同的文件夹内，不会被覆盖；

4. 提供的网平差软件，能够在测量前对网的设计进行科学的整体评价；

5. 所有的基线解算必须按严密公式计算（提供的基线方位角应是两个点正反大地方位角而不是正反坐标方位角）；

6. 集成了 Internet 网下载 RINEX 数据和精密星历功能；

7. 全面支持隐蔽点测量。

二、阿什泰克 GPS 接收机

（一）Ashtech Z-Surveryor 型接收机（附图 2）

Z-Surveryor 是 Ashtech 将其非常成功的高精度测量型 Z-12GPS 接收机经集成化和小型化的产品。它使用了 Z-12 的所有成功的先进技术，使得即使在美国政府对 GPS 系统实施 AS 政策的条件下，仍能获得 P1 和 P2 的全波长的载波相位和伪距观测量。

与其他技术相比，Z-跟踪技术使接收机的信噪比提高了 13dB，这样，使接收机抗干扰能力大大加强。

主要技术指标如下：

（1）12 个独立通道，双频、双 P 码；

（2）静态或快速静态精度：$5mm + 1 \times 10^{-6}$；

实时动态：水平 $1cm + 2 \times 10^{-6}$；垂直 $1.7cm + 2 \times 10^{-6}$；

（3）作业模式：静态、动态、准动态；

（4）尺寸高×宽×长（cm）：$7.6cm \times 18.5cm \times 21cm$；

重量：1.7kg；

工作温度：主机 $-300℃ \sim +550℃$；

$-400℃ \sim +850℃$；

（5）合理的一体化设计；

主机，数据卡和电池一体化。

（6）专利技术

Z-跟踪技术：信噪比提高 13dB，增强了抗干扰能力。

边缘相关技术：有效的抑制了多路径的影响。

以上两项专利技术使得接收机在较强的电磁干扰环境下，仍能获得良好的观测数据。

特点：两项专利技术提高了信噪比，使得即使在稀疏林带仍可进行 RTK 作业。

（7）用途

1）静态/快速静态控制测量；

2）准动态后处理差分定位；

3）RTK 局部测量与数据采集；

4）RTK 工程放样测量。

（8）为 Z-Surveryor RTK 系统设计的数据电台

Surveryor RTK 系统配套选用专用的数据电台：性能稳定可靠，作用距离远（注：基准站天线足够高时，传输距离超过 40km），且基准站电台和流动站电台可以互换。

附图 2　Ashtech Z-Surveryor
型接收机

附图 3　Ashtech Z-Xtreme 型接收机

（二）Ashtech Z-Xtreme 型接收机（附图 3）

ZX 系列接收机采用阿什泰克 Z 跟踪 TM 专利技术及快速 RTK 技术，所有元件均集成在一个紧凑的全防护新型材料制成的机箱内，不怕日晒雨淋。ZX 系列产品有多种型号，可以为从入门级的静态或动态后处理到实时放样测量的众多的测绘需求，提供各种经济适用的解决方案。

ZX 测量系统，将 ZX 接收机与大容量高性能的数据采集控制计算机和先进的无数数据通讯技术相结合，在外业施工中只需简单地开机操作，即可实现厘米级的实时测量精度。在数据处理方面，ZX 测量系统采用阿什泰克的 SolutionsTM 软件，可以方便地对外业数据进行处理，输出结果并生成报告。

ZX 测量系统在生产效率方面使传统的光学设备黯然失色。其快速 RTK 技术使系统的初始化时间只是传统 RTK 系统所需时间的零头，而功能强大的数据采集软件，使用户可以更加完美地将 GPS 测量技术与光学全站仪有机地结合为一体。

Z-XTREME 性能指标：

1. 阿什泰克的专利技术

12 通道全视野操作；

L_1 和 L_2 全波长载波观测；

Z 跟踪、多路径抑制、改进码差分的双频平滑。

2．标准特性

16MB 容量的 PCMCIA 内存卡（可更换）；

内置式可更换电池；

8 字符 LED 显示窗及 4 个操作按键；

3 种 LED 显示：电台，内存，卫星状况/电源；

多功能音响报警；

外部电源接口；

4 个 RS232 接口（3 个外部，1 个内部，最大波特率 115200）；

天线：多点固定技术使相位中心的平面位置稳定性 < 1mm，伪距测量的多次相关时，带宽大于 1Hz，并具有超动态响应。

3．通讯接口

内置 USB，下载数据速度为 1MB/s。

两个外接电源口，1 个内接电源口，3 个串口，1 个 USB 口高度集成、全密封的内转眼 UHF 电台 moden（20MHz 带宽，只用于接收）。

可支持广域 eRTK 和 VRS 工作的 GSM、蜂窝电话和 CDPDmodem。

用于广域 eRTK 测量的 eRTK UHF 测杆天线，不会对 GPS 天线产生干扰。

两个事件标记输入口。

（三）应用领域

1．控制

大地测量、科学研究、工程测量、形变监测。

快速工作：

用 GPS 完成控制比用常规仪器要快得多。它不要站间通视，也无需庞大的作业队伍。天宝先进的接收机和天线技术把外业观测时间压缩到最短的同时，仍能获得最优的数据。

快速启动：

采用天宝 GPS5700 全站仪（附图 4），不必进行复杂的设置过程。只要按一下按钮，就可开始工作。完全可以在 1min 内教会初次使用者。

获得更好的测量结果：

回到室内，只需把野外测量数据直接下载到天宝 Trimble Geomatics Office 软件里，经过快速处理得到基线解，再按最小二乘网平差就能得到毫米级的定位结果，该软件甚至可以联合处理 GPS 数据和地面常规测量的数据。

快速得到结果：

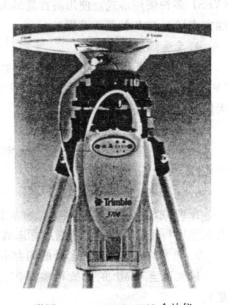

附图 4　Trimble GPS 5700 全站仪

USB 接口和主板上紧凑的闪存口传输速度达到 1MB/s，全天工作数据数秒就可以下载完毕。

2. 放样

土木工程放样，地震放样，界址放样。

将设计方案放样到实地：

连续的三维设计数据都能装入到测量控制器中——不仅仅是设计点。在任何地方，都能在行进中不断计算出施工偏移量和斜坡放样值。在现场你可以随时观察测站位置、偏移量及填/挖方量。

快速启动：

一台基准站可以覆盖无限多的 eRTK 流动站。移动站 5700 会自动与基准站建立联系并在现场快速初始化，而不必在控制点上进行设置。

准确达到测站点：

天宝测量控制器的图形导航显示会直接把你导引到放样点上。5700 的高精度和低延迟保证你按行进的速度放样——一切都由一人完成。

行进中计算：

在现场，控制器实时计算位置、斜坡放样值、填/挖方量，并按你想要的单位进行显示。它能记录"已放样点"的位置以便进行质量控制和检查。有了实时地图显示功能，你就可以随时知道自己的当前位置以及相对于设计数据的位置。

3. 测量

地形测量，界址测量和工程测量

行进中测图：

新的 eRTK 技术能覆盖常规 RTK 四倍的区域，它具有单基准站、多基准站和虚拟参考（VRS）多种使用形式。使用高性能的天宝 UHF 数据链、蜂窝通讯，或用无线电调制解器能大大增加 RTK 的覆盖范围。

4. 全金属外壳

抗衰老的镁合金壳可以抵御最恶劣的机械震动，并符合防水要求。防水深度达到水下1M（1P×7），100％防湿、可漂浮、抗震动，从 1 m 高落到坚硬表面也不会损坏。包含全天用的电池在内仅重 1.4kg。

5. 集成的 RTK 数据链

在金属壳里面集成了完全由天宝制造高性能的 UHF 电台接收机，其频率间距为20MHz，最多可设法 20 个频道。

6. 内置 WAAS 和 EGNOS

在 WAAS/EGNOS 覆盖地区无须基准站就可以进行实时差分的 GIS 测量和导航，十分有利于重新确定被掩埋的控制点标志或确定基准站的位置。

7. 超大的数据容量和紧凑的闪存卡

最大可至 96MB 的内置可擦写闪存可以存储 2500h 数据（按 30s 间隔，跟踪 6 颗卫星）。

8. 闪电式高速 USB 通讯口

向微机传输数据的速度超过 1MB/s——比最快的串口还快 10 倍。

9. 超强的电源管理

对它的两块内置微型摄像电池充电一次就可以保证接收机全天工作，可以连续采集10小时的数据以用于事后处理，或供给 RTK 流动站连续工作 8h。它内置充电器，因此无论在何地进行充电都很方便快捷。

（四）主要技术指标

先进的 24 通道双频 GPS 和 WAAS/EGNOS 接收机坚固防水的金属壳，内有增强实时动态测量的 eRTK 技术，完全集成的内置无线电调制解调器。Everest 多路径抑制和高性能的低高度角卫星跟踪技术，可存储最高达 96MB 或按 30s 间隔采集 2750h L1 + L2 数据的紧凑型数据存储卡。

长寿命的电池——2 节微型摄像电池可工作 10h。

1. 精度

平面：$10mm + 1 \times 10^{-6}$ RMS RTK；

高程：$20mm + 2 \times 10^{-6}$ RMS RTK；

用 eRTK 在大范围内还保持该精度 0.02（20ms）的延迟；

eRTK 技术的初始化时间，最小为 $10s + 0.5 \times$ 基线（按 km 计）VRS 的典型初始化时间 < 30s，初始化的置信度 > 99.9%。

2. 性能

单基准站 eRTK 技术覆盖范围可达到 1250km；

多基准站 RTK 定位时，站间距离最大可达 40km；

虚拟参考站 RTK 定位时，站间距离最大可达 70km；

伪距 DGPS 精度为 $0.3m\ 2Drms + 1 \times 10^{-6}$ 视参考站而定。

3. 技术参数

（1）典型测量精度

静态，快速静态

　　水平：$5mm + 1 \times 10^{-6}$

　　垂直：$10mm + 1 \times 10^{-6}$

动态后处理

　　水平：$1cm + 1 \times 10^{-6}$；

　　垂直：$2cm + 1 \times 10^{-6}$

实时码差分定位：小于 1m

Z 动态实时定位（精密模式）

　　水平：$1cm + 2 \times 10^{-6}$

　　垂直：$2cm + 2 \times 10^{-6}$

方位角测量精度（rad/s）：0.4 + 2.0/基线长（公里）；

RTK 初始化时间：2s（典型，更长的初始化时间可以获得亚厘米级的精度）

快速 RTK 初始化

99.9% 置信概率；

典型初始化时间小于 2s（6 颗或更多的可视卫星，PDOP < 5，基线长度小于 7km，开阔地域，多路径干扰很小）。

（2）RTK 作业范围

推荐：￡10km

最大：40km

（3）物理性能

重量　接收机：1.59kg

天线：0.82kg

电池：0.44kg

外形尺寸：宽×深×高（mm）= 196.85mm × 222.25mm × 76.2mm

电源　10 至 28VDC，6.0W

内置电池　容量：5400mAh。

4．软件选项

Ashtech Solutions 软件包

Ashtech Office Suite for Survey

TDS Survey Pro GPS

三、天宝 GPS 接收机

天宝 GPS 5700 全站仪系统是新一代集成型的 GPS 系统，它包含了接收机、天线、电台、测量控制器和室内处理软件，所有部件均由天宝自行开发完成。

（一）主要技术特点

1．简化的用户界面

所有的重要功能只需按一下按钮，1min 内即可学会。

2．内置天宝"MAXWELL4" GPS 芯片

天宝全新定制的码 + 载波相位 GPS MAXWELL4 芯片在恶劣环境下具有极高的捕获速度和计算速度，使电池寿命更长，跟踪性能更优，精度也更高。

3．eRTK（增强 RTK）技术

采用 5700 的 "all-on-a-range-pole"（一切尽在测杆上）设置可以在围栏和灌木丛中自由自在进行测量，而不必顾及烦人的电缆，以不停顿进行连续的测量。若将接收机安装在车顶上，则车开多快就能测多快。

任何地点进行作业：

采用的 RTK 增强技术（eRTK），一个基准站可以为无限多的流动站服务，而作业面积也比常规的 RTK 大 4 倍。如需在更大范围作业，则可以运用同频多基站技术，这样就能采用同一频道在整个测区进行测量。

消除误差：

天宝测量控制器软件可以实时图形显示所采集的测量数据，因此在离开测区前能检查遗漏点，从而减少返工的代价。

集中控制：

天宝的测量控制软件，用同一用户界面可以控制各种不同的仪器。所有的测量数据被自动集成在控制器内。甚至可以通过交换存储卡而把几个作业组的数据组合起来，或者拿着 TSC1 手持控制器控制 GPS 和遥控全站仪，真正是一个人的测量系统。

四、南方 GPS 接收机

南方测绘仪器公司是生产测绘仪器的专业公司，所生产的 GPS 接收机包括静态、动态 RTD、动态 RTK 三大系列，共有十几种产品。NGS—200 型接收机（附图 5）是单频测量型高精度接收机，采用美国原装进口接收板，经深入开发和精密加工，成为外形美观、性能可靠的产品，可以升级成实时动态 NGK—300RTK 系统。

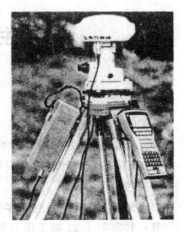

南方 NGS—200 十分适合于做二等及以下等级控制测量和城市导线测量、勘界测量，对城勘、土地、水利、地质、道路、铁路、石油、地震等领域尤为适用。

南方 NGS—200 数据采集器有英国 PSION 和美国 HP200 两种供用户选择。英国 PSION 采集外形美观、携带方便、防水性好；美国 HP200 采集器运行标准 DOS 操作系统，界面友好，使用方便。

附图 5　南方 NGS—200PGPS
接收机

（一）NGS—200 性能特点

1．单频，并行接收 8 颗卫星信号；

2．灵敏度高，接收信号快；

3．一般定点时间在 30min 左右，静态精度为 $\pm 5mm + 2 \times 10^{-6} \times D$；

4．快速静态定位时间在 10min 左右，精度为 $5mm + 2 \times 10^{-6} \times D$；

5．作用距离在 50km 以内；

6．可跟进口 GPS 接收机，如天宝（Trimble）、阿士泰克（Ashteh）、美国 Rogue、日本索佳等同时混用、联测、基线向量处理、网平差解算；

7．用户可自定义坐标参数、椭球长半轴、扁率、投影高、投影方式（高斯、墨卡托）等，可进行三维、二维平差、水准高程拟合。

（二）NGS—200 系统组成

每台包括：接收机（天线已内置）、数据采集器、对点器、基座、电池、充电器、电池电缆、数据电缆、包装箱、脚架。3 台共用一套基线向量处理软件和网平差软件。

（三）NGS—200 软件功能

内业包括基线向量处理、网平差、高程拟合以及坐标转换。WINDOWS95/98 汉化的操作界面、可靠的项目文件管理方式，使操作非常方便。

1．处理单双频观测文件，多种进口 GPS 接收机的 RINEX2.0 格式数据。处理速度快、精度高，自动处理成功率高。

2．自动搜索独立同步、异步闭合环以及重复基线闭合差，或者任意选取基线组环计算闭合差。

3．进行多种投影、多种坐标系下的自由网平差，三维、二维约束平差，二次曲面高程拟合。

4．强大的图形编辑输出功能可直接在图上任意选取基线进行设置、处理，可按任意比例尺显示、打印控制点位图、误差椭圆图。

主要思考题参考答案

第一章

1. "GPS"的含义是什么?

答:利用导航卫星进行测时和测距,以构成全球定位系统。

2. GPS 定位系统何时建立成功?

答:1995 年建成。

3. GPS 定位系统共发射了多少颗工作卫星和多少颗备用卫星?

答:共发射了 21 颗工作卫星和 3 颗备用卫星。

4. GPS 定位系统的应用特点有哪些?

答:(1)自动化程度高;

(2)观测速度快;

(3)定位精度高;

(4)用途广泛;

(5)经济效益高。

5. GPS 定位系统由哪几部分组成?

答:由三部分组成:

(1)空间部分 包括工作卫星和备用卫星。

(2)控制部分 控制整个系统和时间,负责轨道监测和预报。

(3)用户部分 主要是各种型号的接收机。

6. GPS 接收机可以按哪些内容进行分类?

答:按以下内容进行分类:

(1)根据接收机的发展可分为第一代、第二代、第三代接收机。

(2)根据接收机的工作原理可分为:

码相关型、平方型、混合型三种接收机。

(3)根据接收机信号通道的类型可分为:

多通道、序贯通道和多路复用通道三种接收机。

(4)根据接受的卫星信号频率可分为:

单频和双频接收机。

(5)根据接收机的用途可分为:

导航型、大地型和授时型三种接收机。

7. 双频接收机的主要优点是什么?

答:其主要优点为:可以同时接收 L1 和 L2 信号,因而利用双频技术可以消除或减弱电离层折射对观测量的影响,导航和定位的精度较高。

8. 美国 SA 政策的内容是什么?

答:实行所谓选择可用性政策,即人为地施加误差将卫星星历和 GPS 卫星钟的精度降低，以限制广大民间用户利用 GPS 进行定时（或快速）和较高精度的定位。

9. 为了摆脱美国 SA 政策，当前 GPS 用户采取的主要措施有哪些？

答：主要措施有：（1）进行相对定位；

（2）建立独立的 GPS 卫星测轨系统；

（3）建立独立的卫星导航与定位系统。

第二章

1. GPS 卫星播发的信号与电视信号的区别是什么？

答：电视信号是由载波和音像信息组成。而 GPS 信号调制在电磁波这个载体上的不再是音像信息，而是测距码（C/A 码和 P 码）及卫星的数据码（D 码），它们是由 GPS 卫星发往地面接收机的。

2. GPS 卫星的测距码包括哪两种？它们的主要功能是什么？这两种码之间有什么区别？

答：包括 C/A 码和 P 码。

它们的主要功能是利用其相关性确定卫星信号从卫星传播到接收机的时间 Δt，从而得到卫星至测站的距离 $C \cdot \Delta t$。

C/A 码的码元宽度为 P 码的 10 倍，由此引起的相应的距离误差约为 2.9m，为 P 码的 10 倍。故 C/A 码简称为粗码，导航和定位精度较低；而 P 码简称为精码，导航和定位精度较高。

3. GPS 卫星的导航电文也称数据码，为什么？它是由哪些信息组成的？

答：GPS 的导航电文也称为数据码（D 码）。GPS 卫星电文是 GPS 定位的数据基础。它是由卫星星历、卫星的工作状态、时间系统、卫星钟的运行状态、轨道摄动改正、大气折射改正和由 C/A 码捕获 P 码的信息等组成。

4. GPS 卫星有哪两种不同的载波？它们各调制哪些码？

答：有 L_1 和 L_2 两种不同的载波。

L_1 调制 C/A 码、P 码和 D 码，L_2 只调制 P 码和 D 码；采用两个频率的目的是为了消除电离层折射的影响。

5. 导航型接收机的基本观测量有哪些？

答：导航型接收机只有 C/A 码和伪距变化率测量值。

6. 测地型单频接收机和测地型双频接收机的基本观测量各有哪些？

答：（1）测地型单频接收机有 C/A 码伪距、L_1 载波相位和多普勒频移测量值。

（2）测地型双频接收机有 C/A 码伪距、L_1 载波上 P 码伪距、L_2 载波上的 P_2 伪距、L_1 载波相位、L_2 载波相位、L_1 和 L_2 多普勒频移。

7. GPS 定位的主要误差来源有哪三类？

答：（1）与卫星有关的误差；

（2）卫星信号的传播误差；

（3）与接收机有关的误差。

8. 如何减弱电离层和多路径效应对 GPS 定位成果的影响？

答：（1）选择造型合适且屏蔽良好的天线；

（2）安置接收天线的环境应避开较强的反射面；

（3）用较长观测时间的数据取平均值。

第三章

1．根据用户接收机天线在测量中所处的状态来分类，GPS 定位的方法如何分类？

答：（1）静态定位；（2）动态定位。

2．简述 GPS 定位的基本原理。

答：把卫星看成是飞行的控制点，测定卫星至接收机天线的距离进行空间后方交会，便得到接收机的位置。

3．什么叫伪距、伪距定位法？

答：（1）测定 GPS 卫星的伪噪声码从卫星到达用户接收机天线的传播时间，进而计算出距离。由于该距离中含有一些误差，如卫星与接收机的时钟不能严格同步等，而导致的误差。我们称该距离为伪距。

（2）如果同时观测了 4 颗卫星至测站点的伪距，则可按距离交会法由卫星星历表求得测站点的三维坐标和时钟改正数，这种方法称为伪距定位法。

4．GPS 绝对定位（单点定位）的实质是什么？

答：GPS 单点定位的实质，就是空间距离后方交会。

5．为什么利用载波相位测量进行 GPS 定位可以得到较高的测量定位精度？

答：载波相位测量是利用 GPS 卫星发射的载波为测距信号。由于载波的波长比测距码长要短得多。因此，对载波进行相位测量，就可能得到较高的测量定位精度。

6．GPS 相对定位的作业模式有哪些？

答：（1）静态；

（2）快速静态；

（3）准动态；

（4）动态；

（5）定时动态。

第四章

1．GPS 网布设具有哪些技术特点？

答：GPS 测量由于各点之间的同步观测不要求通视，也不强求站间距离，因而 GPS 网布设具有以下技术特点：

（1）GPS 网的扩展和延伸是通过同步图形之间的连接进行的，当采用不同的连接方法时，网形结构随之会有不同的形状。

（2）GPS 网布设具有较大的灵活性，可随时更改布网方案，无需拘泥于固定网形，从而可在人力、经费上有所省。

（3）一个测区内网中各等级点可一并考虑进行统一设计，只不过不同等级点的观测时间长度，点与点之间的连接方法根据要求不同而有所差异。

（4）设计完成的 GPS 网中，应尽可能包含多种闭合条件，以保证有较高的内精度和可靠性。

2．GPS 选点应遵循哪些基本原则？

答：GPS 选点应遵循以下基本原则：

（1）GPS 点应选在视野开阔的地点，以利于其他测量手段的扩展和联测。

（2）GPS 点应选在交通方便的地方，以充分发挥快速定位技术的效率。

（3）GPS 点视场不应有地平高度角大于 15°的成片障碍物，以免影响卫星信号接收。

（4）GPS 点应远离大功率的无线电发射台和高压输电线，以避免其周围磁场对 GPS 卫星信号的干扰。接收机天线与其距离一般不得小于 200m。

（5）GPS 点附近不应有大面积的水域或对电磁波反射（或吸收）强烈的物体，以减弱多路径的影响。

（6）为了顾及今后用常规方法进一步加密时的需要，一般要求每个测站应和两个或两个以上的 GPS 点保持通视（不一定是相邻点），困难地区至少应和一个点保持通视。

3. 简述 GPS 数据采集应进行的主要工作。

答：GPS 数据采集应进行以下主要工作：

（1）在数据采集工作开始之前，应仔细地拟定观测计划。主要包括：GPS 卫星的可见性预报及最佳观测时间的选择，采用的接收机数量，观测区的划分和观测工作的进程及接收机的调度计划等。

（2）对所有接收设备，进行其性能与可靠性检验。

（3）天线安置，量取天线高。

（4）接收机操作，获取所需要的定位信息和观测数据。

（5）对于精度要求较高的 GPS 测量，应测定气象参数。

4. GPS 外业观测成果应进行哪些项目的检核？

答：GPS 外业观测成果应进行以下项目的检核：

（1）同步基线观测数据的检核，如观测数据的剔除率、观测值残差分析以及基线相对中误差。

（2）重复基线的检核。

（3）同步环与异步环的检核。

（4）GPS 基线边的外部检核。

第五章

1. GPS 数据处理一般分为哪几个步骤？每一步骤的主要作用是什么？

答：GPS 数据处理大致可以分为：数据的粗加工、数据的预处理、基线向量解算、GPS 基线向量网平差或与地面网联合平差等阶段。

数据的粗加工主要作用为：将原始数据通过专用电缆线从接收机传输至计算机，再将数据进行解译分流，提取出有用的信息，分别建立不同的数据文件。

数据的预处理主要作用是对数据进行平滑滤波检验，剔除粗差，删除无效无用数据；统一数据文件格式，将各类接收机的数据文件加工成彼此兼容的标准化文件。GPS 卫星轨道方程的标准化，一般用一多项式拟合观测时段内的星历数据；探测并修复整周跳变，使观测值复原；对观测值进行各种模型改正，最常见的是大气折射模型改正。

基线向量解算的主要作用是将原始的载波相位观测值进行各种线性组合，以其双差值作为观测值列出误差方程，组成法方程，平差计算出所有基线两端点间的坐标差。

GPS 基线向量网平差的主要作用是消除 GPS 网本身的内部不符值，并将属于 WGS-84 坐标系的 GPS 成果转换至实用的国家或地方坐标系内。

2. 基线解算为什么多选择双差分模型？

答：因为选择双差分模型可以通过观测值的线性组合，以消除或减弱某些偏差项。例如，接收机时钟偏差，是与接收机有关的偏差项；卫星钟的偏差，是与卫星有关的项。

3. 简述利用 SKI 软件进行基线解算的操作流程。

答：利用 SKI 软件进行基线解算的基本流程如下：

（1）建立新的项目数据库。

（2）数据传输并分配观测数据。

（3）设置基线解算的参数。如卫星截止高度角，对流层和电离层改正模型，卫星星历类型以及先验的单位权中误差等等。

（4）伪距单点定位。

（5）多基线解算。在已选择参考站与流动站间有同步观测数据时，都将自动构成基线进行处理。一个流动站可以同时与多个已选择的参考站构成基线。

（6）输出结果文件。选择 File 可将基线解算结果作为可读的 Ascll 文件存盘输出。

4. 简述提高基线解算质量的一般途径。

答：提高基线解算质量的一般途径有：

（1）提高单点定位解的精度。

（2）更换参考星和优选组星。

（3）裁减观测时段。

（4）固定模糊度参数方式的选择。

（5）大气延迟模型方式选择。

（6）卫星高度角限值和观测值残差限值的设置。

第六章

1. 什么叫 GPS 网的无约束平差？其主要作用是什么？

答：无约束平差的含义是在一个控制网中，不引入外部基准，或者虽然引入外部基准，但不应引起观测值的变形和改正。其主要作用是为了检验 GPS 基线向量网本身的内符合精度以及基线向量之间有无明显系统误差和粗差，同时也为 GPS 大地高与公共点正常高联合确定 GPS 网控制点的正常高提供平差处理后的大地高数据。

2. GPS 网与地面网联合平差用来解决什么问题？

答：通过 GPS 网与地面网联合平差，既可以消除 GPS 网与地面网各自的内部不符值，又可以把属于 WGS-84 坐标系的 GPS 定位成果转换至国家坐标系或地方坐标系成果，从而解决 GPS 成果的有效转换。

3. GPS 大地高转换为正常高，应注意哪些问题？

答：将 GPS 大地高转换为正常高，通常是根据测区内网中若干点的已知高程（一般为正常高或海拔高），来拟合确定各点的高程异常值，进而求定其他点的正常高。

在进行高程拟合时，应注意以下几点：

（1）必须具有足够的已知高程点，且要求均匀分布。

（2）根据不同测区，选择合适的拟合模型，当测区内地形复杂或高程变化较大时，应加上地形改正。

（3）对含有不同趋势地区的大测区，可采用分区计算的办法。

4. 简述 GPS 网平差软件的一般操作流程。

答：（1）新建工程，为 GPS 控制网建一个工程项目。

（2）选择处理基线的软件类型。

（3）选择平差所在的坐标系统。

（4）输入网的信息。

（5）输入已知数据。

（6）输入基线解文件。

（7）预处理和平差。

（8）结果打印。

5. GPS 测量应上交哪些技术资料？

答：GPS 测量任务完成后，应上交以下资料：

（1）测量任务书与技术设计；

（2）GPS 网展点图；

（3）GPS 控制点的点之记录、测站环视图；

（4）卫星可见性图、预报表及观测计划；

（5）原始数据软盘、外业观测手簿及其他记录（如归心元素）；

（6）GPS 接收机及气象仪器等检验资料；

（7）外业观测数据的质量评价和外业检核资料；

（8）数据处理资料和成果表（包括软盘存储的有关文件）；

（9）技术总结和成果验收报告。

第七章

1. 简述 GPS 静态定位在相关领域的主要应用。

答：GPS 静态定位在相关领域的主要应用有：

（1）建立全球性或国家级大地控制网。

（2）建立地壳运动或工程变形监测网。

（3）进行岛屿与大陆联测。

2. 试列举 GPS 动态定位在相关领域的主要应用。

答：实时动态单点定位的导航系统，设备和数据处理都比较简单，其广泛应用于各类导航工作。另外，在运动载体的姿态测量、航天飞机的导航、近地卫星的定轨和测时等方面，也都有着广阔应用前景。

实时动态差分定位复合导航系统，目前已广泛地应用于公安系统、银行系统以及公共交通和旅游等系统的车辆、船只的监控与管理，以及发生意外时的报警与救援等项工作。

实时动态差分定位广泛用于各种控制测量和地形测绘中。

3. 什么是局域差分？什么是广域差分？各自的应用前景如何？

答：为了扩大导航系统的覆盖范围，在较大的区域内实现精密导航，可以布设多个基准站，以构成基准站网。由此所构成的区域性差分 GPS 导航系统，简称为局域差分，在一些文献中简称为 LADGPS（Local Area DGPS）。目前，一般可达米级。在该系统的覆盖范围内，可广泛地应用于空中、海上、陆地和内河航运等运动目标的精密导航工作。

在广大区域内，为了提高导航的精度，目前已成功地发展了一种广域差分 GPS（Wide

Area Differential GPS—WADGPS）精密导航系统。该系统主要由监测站、主站、数据链和用户设备组成。在 WADGPS 网覆盖的区域内，修正量的精度是比较均匀的，目前其水平定位精度可达 1m，高程精度约为 1.5m。

GPS 定位技术在导航方面的应用，是一个内容极为丰富，范围十分广阔的领域，特别当其与数据传输与通信技术相结合时，充分地显示了这一导航技术的巨大潜力和广泛的应用前景。

4. 车辆 GPS 定位管理系统运用了 GPS 的何种定位技术？

答：车辆 GPS 定位管理系统运用了 GPS 实时动态差分定位技术。它主要由车载 GPS 自主定位，结合无线通信系统将定位信息发往监控中心（即调度指挥中心），监控中心结合地理信息系统对车辆进行调度管理和跟踪。目前，已经研制成功的如车辆全球定位报警系统，警用 GPS 指挥系统等，分别用于城市公共汽车调度管理，风景旅游区车船报警与调度，海关、公安、海防等部门对车船的调度与监控。

车载 GPS 导航设备在应用上的发展方向，是多卫星系统、远距离监控以及多功能显示等几个方面。

主 要 参 考 文 献

1 徐绍铨等编著. GPS 测量原理及应用. 武汉：武汉大学出版社，2001

2 刘大杰等编著. 全球定位系统（GPS）的原理与数据处理. 上海：同济大学出版社，1996

3 周忠谟等编著. GPS 卫星测量原理与应用. 北京：测绘出版社，1997

4 王广运等编著. 差分 GPS 定位技术与应用. 北京：电子工业出版社，1996

5 合肥工业大学主编. 工程测量学. 北京：中国建筑工业出版社，2000

6 刘经南等编著. 广域差分 GPS 原理和方法. 北京：测绘出版社，1999

7 宋成骅等编著. 城市 GPS 网的布设与数据处理. 城市勘测，1991.3 ~ 1992.4

8 国家测绘局. 全球定位系统（GPS）测量规范. 北京：测绘出版社，1992

9 中华人民共和国建设部. 全球定位系统城市测量技术规程. 北京：中国建筑工业出版社，1997

10 黄声享. 提高 GPS 基线解算质量的某些技术. 工程勘察，1995

主要参考文献

1. 陈述彭等编著．GIS导论及其应用．北京：科学出版社，2001
2. 邬伦等编著．地理信息系统（GIS）．北京：科学出版社，2001
3. 周成虎等编著．地理信息系统．上海：同济大学出版社，1996
4. 张超等编著．地理信息系统实用教程．北京：测绘出版社，1997
5. 汤国安等编著．ARC／INFO应用与开发．武汉：武汉工业出版社，1999
6. 吴信才编著．地理信息系统．北京：电子工业出版社，2000
7. 承继成等编著．广东省（GIS实验指南）．武汉：测绘出版社，1996
8. 边馥苓编著．地理信息系统原理和方法．北京：测绘出版社，1996
9. 中华人民共和国建设部．全国城市基础地理信息系统技术规范．北京：中国建筑工业出版社，1999